计算机仿真技术（MATLAB 版）

主　编　刘美丽
副主编　沈本兰　裴文卉　梁　浩

北京理工大学出版社
BEIJING INSTITUTE OF TECHNOLOGY PRESS

内 容 简 介

本书分为基础篇和应用篇两部分，共 10 章。第 1~4 章为基础篇，主要介绍 MATLAB 的基础知识、基本运算、图形表示以及 Simulink 仿真模块等；第 5~10 章为应用篇，涵盖了 MATLAB 在工程数学、电路、控制系统、信号与系统、数字信号处理、图像处理等的应用。每章相应的程序和仿真结果可供学习者参考，这有助于学习者加深对基本知识的理解和巩固。

本书最显著的特点是例题丰富、新颖，这有助于学习者加深对基本知识的理解和巩固。每章后面还配以相应的练习题，可以有针对性地帮助学习者巩固所学知识。

本书适用于应用型本科院校通信工程、电子信息工程、电气工程及其自动化等相关类专业在校生的教材或参考用书，也可供相关工程技术人员学习参考。

图书在版编目（CIP）数据

计算机仿真技术：MATLAB 版 / 刘美丽主编. -- 北京：北京理工大学出版社，2023.7

ISBN 978 - 7 - 5763 - 2652 - 9

Ⅰ . ①计⋯　Ⅱ . ①刘⋯　Ⅲ . ①计算机仿真 - Matlab 软件　Ⅳ . ①TP317

中国国家版本馆 CIP 数据核字（2023）第 138725 号

出版发行 / 北京理工大学出版社有限责任公司

社　　址 / 北京市海淀区中关村南大街 5 号

邮　　编 / 100081

电　　话 / （010）68914775（总编室）

　　　　　（010）82562903（教材售后服务热线）

　　　　　（010）68944723（其他图书服务热线）

网　　址 / http：//www. bitpress. com. cn

经　　销 / 全国各地新华书店

印　　刷 / 涿州市新华印刷有限公司

开　　本 / 787 毫米 × 1092 毫米　1/16

印　　张 / 15.25　　　　　　　　　　　　　责任编辑 / 江　立

字　　数 / 358 千字　　　　　　　　　　　　文案编辑 / 李　硕

版　　次 / 2023 年 7 月第 1 版　2023 年 7 月第 1 次印刷　　责任校对 / 刘亚男

定　　价 / 89.00 元　　　　　　　　　　　　责任印制 / 李志强

前　　言

　　本书的编写以党的二十大精神为引领，高举中国特色社会主义伟大旗帜，全面贯彻新时代中国特色社会主义思想，坚持党的教育方针，为党育人、为国育才，用社会主义核心价值观铸魂育人。本书始终围绕教育为基、科技为要、文化为魂的原则，为适应社会需求，以促进就业和适应产业发展需求为导向，落实立德树人根本任务，紧跟时代步伐，顺应实践发展。教材内容与企业相应岗位紧密贴合，从知识、能力、素质三维度进行学生职业能力的靶向培养，发展素质教育。

　　计算机仿真技术是电类专业中的一门专业必修课，应用范围广，针对性和实用性强。本书以培养高素质应用型本科人才为目标，瞄准新时代电类专业知识领域中模块构建、能力发展和素质提升的市场需求，坚持问题导向，精准定位计算机仿真技术的实际应用案例，促进知识教育、能力培养和核心价值的有机结合。教材编写坚持以学科知识为基础，以学生发展为中心，以培养技术应用能力培养为目标，引导教师探索创立"能力主导"的教学方式，形成"融教书育人、知识传授、能力培养、素质教育于一体"的教育理念。

　　教材坚持以推动高质量发展为主题，加强交叉学科建设，面向具备高等数学、线性代数、电路理论、控制系统、信号与系统、数字信号处理、图像处理等课程基础的各电类专业的学生，通过丰富的应用案例实现不同学科的交叉融合及应用型人才培养目标。不同专业的学生可选学相应部分的内容，也可选择感兴趣的部分作为扩充知识，全面提高人才自主培养质量，着力造就拔尖创新人才。

　　本教材具有以下特色：

　　1. 逻辑性强，体系结构合理。本书分为基础篇和应用篇。第1~4章为基础篇，第5~9章为应用篇。全书以学科专业为基础，以培养实践应用能力为重点，从基础学习到应用巩固再到实验验证，符合学生的认知规律，在多门课程应用案例的基础上实现多学科的交叉融合，培养学生自主高效阶梯式的学习方式和创新思维能力。以知行耦合为导向，优化学生的知识路径，引导学生完成深度学习，培养学生学习长效发展的关键能力。

2. 可视化的数字资源。为推进教育数字化，加快建设数字中国，每章最后以二维码的形式展示了案例程序及运行结果，可扫码验证案例和实验的仿真结果，实时反馈学生的学习效果，能够形成一个良好的闭环式自我学习、自我提升的螺旋上升过程。激发学生"学中做，做中学"的自主学习能力，水到渠成地达成"以学生为中心"的教学方式。

3. 本书以实践能力培养为重点，将职业素养的养成纳入"教学做一体化"教学过程中，精选应用案例，将知识点和核心技术串在一起，有利于培养学生的工程素养，强调教学回归工程本色。广泛地应用比较式案例，充分实现相似知识之间的关联和对比，培养学生对科学研究不断探索的良好习惯。

4. 本书运用现代信息技术推进教师的教学方式方法，采用可视化的虚实结合手段，通过图形模块仿真形式，对动态系统进行建模和仿真，模拟快速、准确，感受更直观，交互性强，适应"互联网＋职业教育"发展需求。

本书内容覆盖面广、实用性强、例题丰富、新颖，有助于读者理解、掌握和巩固基础知识。每章后面配有相应的练习题，有针对性地帮助学习者巩固所学内容。可以作为高等院校相关课程的教材或本科毕业设计的参考用书，帮助学生完成本科阶段的毕业设计工作，推进全民终身学习的学习型社会建设。

本书由山东交通学院刘美丽副教授任主编，对全书进行统筹规划，编写第1、2、4～10章及附录部分；山东交通学院潘为刚教授审阅了全书，并提出宝贵的指导建议；沈本兰老师负责编写第10章；裴文卉老师负责编写第3章。为深化校企融合，协同合作育人，本书特邀北京方智科技股份有限公司梁浩工程师进行技术方面的指导，梁浩也提供了大量的应用案例。

本书得到山东大学、济南大学多位教授的支持和帮助，在此次深表感谢！

刘美丽

2023 年 5 月

CONTENTS 目录

基础篇

应用篇

基础篇

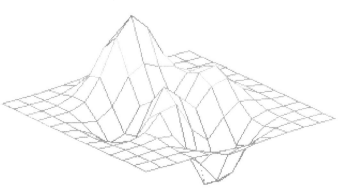

第1章

MATLAB 概述

MATLAB 是一款功能十分强大的软件，其语言是一种以矩阵运算为基础的交互式程序语言。随着 MATLAB 的应用范围进一步拓展，MATLAB 以超群的风格与性能风靡全世界，成功地应用于各个工程学科的研究领域。本章主要介绍 MATLAB 的发展和特点，以及 MATLAB 的安装和工作环境等。

1.1   MATLAB 简介

MATLAB 是由美国 Math Works 公司于 1984 年正式推出的计算机软件，MATLAB 源于 "Matrix Laboratory" 一词，即 "矩阵实验室"，其最初专门用于矩阵数值计算。与 Basic、Fortran 以及 C 语言相比较，MATLAB 语言的语法规则更简单，编程的逻辑更贴近人的思维方式，用 MATLAB 写程序有如在便笺上列公式和求解，因而 MATLAB 语言被称为 "科学便笺式的科学计算语言"。MATLAB 除了能进行常用的矩阵代数运算外，还提供了非常广泛和灵活的处理数据集的数组运算功能，而且具有数据可视化功能。

经过多年的发展与不断完善，MATLAB 现已成为国际公认的最优秀的科学计算与数学应用软件之一，其内容涉及高等数学、电路、控制系统、信号与系统、数字信号处理等方面。

1.1.1   MATLAB 的发展

1984 年，Cleve Moler 和 John Little 成立了 Math Works 公司，发行了 MATLAB 1.0 版本（DOS 版本 1.0），正式把 MATLAB 推向市场。经过几年的发展和不断完善，MATLAB 逐步发展成为集数值处理、图像处理、符号计算、文字处理、数学建模、实时控制、动态仿真和信号处理为一体的数学应用软件。1992 年，MATLAB 4.0 版本被发行。1994 年，MATLAB 4.2c 版本扩充了 MATLAB 4.0 版本的功能，在图形界面设计方面提供了新的方法。1996 年，MATLAB 5.0 版本被推出，允许更多的数据结构，如单元数据、多维矩阵、对象与类等，MATLAB 语言也成为一种更方便编程的语言。1999 年，Math Works 公司推出 MATLAB 5.3 版本，该版本在很多方面进一步改进了 MATLAB 语言的功能。2000 年 10 月底，Math Works 公司推出了全新的 MATLAB 6.0 版本，在核心数值算法、界面设计、外部接口、应用桌面等诸多方面有了极大的改进。接下来的版本在继承和发展其原有的数值计算和图形可视能力的同时，推出了 Simulink，打通了 MATLAB 进行实时数据分析、处理和硬件开发的道路。

2004 年 7 月，Math Works 公司推出了 MATLAB 7.0 版本，使该软件发展到一个新的阶段，其中集成了 MATLAB 7.0 编译器、Simulink 6.0 图形仿真器及很多工具箱，在编程环境、代码效率、数据可视化、文件 I/O 等方面都进行了全面的升级。R2012 版本的 MATLAB 与 Office 2010 风格相同。

现在的 MATLAB 语言已经演变成为一种具有广泛应用前景的全新的计算机高级编程语言，MATLAB 的功能也越来越强大，会不断根据科研需求提出新的解决方法。

1.1.2 MATLAB 的特点

1. 编程效率高

MATLAB 是以解释的方式工作的，输入算式立即得到结果，无须编译，即它对每条语句解释后立即执行，若有错误也立即作出反应，便于编程者修改。MATLAB 还提供了丰富的基本库函数，编写程序时可以直接调用，大大减少了编程和调试的工作量。

2. 变量及运算符号具有"多功能性"

MATLAB 中每个变量代表一个矩阵，它可以有 $n \times m$ 个元素。矩阵的行数、列数无须定义，若要输入一个矩阵，在用其他语言编程时必须定义矩阵的阶数，而用 MATLAB 语言则不必有阶数定义语句，输入数据的列数就决定了它的阶数。MATLAB 中所有的运算，包括加、减、乘、除、函数运算都对矩阵和复数有效。

3. 界面使用方便

MATLAB 把编辑、编译、连接、执行、调试等多个步骤融为一体，具有良好的交互功能。MATLAB 程序编写过程与人进行科学计算的思路和书写方式相近，其语法贴近人的思维方式，程序易读易写，方便科技人员交流。

4. 具有强大而简易的作图功能

MATLAB 能根据输入数据自动确定坐标绘图，也能绘制多种坐标（极坐标、对数坐标等）图，还能绘制三维坐标中的曲线和曲面，设置不同的颜色、线型、视角等。如果数据齐全，通常只需一条命令即可出图。

5. 智能化程度高

MATLAB 在作图时能够自动选择最佳坐标，在进行数值积分时自动按精度选择步长，在程序调试时能自动检测错误并能提示程序错误。其智能化程度高，大大方便了用户，提高了效率。

6. 功能丰富，可扩展性强

MATLAB 包括基本部分和专业扩展部分。基本部分包括矩阵的运算、代数和超越方程的求解、数据处理、傅里叶变换和数值积分等。扩展部分称为工具箱，用于解决某一方面的专门问题，或提供解决实际某一问题的新算法。MATLAB 现在已经有控制系统、信号处理、图像处理、系统辨识、模糊集合、神经元网络、小波分析等十余个工具箱，并且还在继续发展中。

7. 语法简单，内涵丰富

与其他高级语言相比较，MATLAB 语言的语法更加简单。MATLAB 语言最基本的语句结构是

赋值语句，其一般形式为

变量名列表 = 表达式

其中，等号左边的变量名列表为 MATLAB 语言的语句返回值，等号右边是表达式的定义，可以是 MATLAB 语言允许的矩阵运算，也可以是 MATLAB 语言的函数调用。

1.2　MATLAB 的启动与退出

1.2.1　启动

启动 MATLAB R2016b。MATLAB R2016b 的主界面如图 1 - 1 所示，它表示 MATLAB 系统已建立，用户可与 MATLAB 系统进行交互操作。

图 1 - 1　MATLAB R2016b 的主界面

1.2.2　退出

完成 MATLAB 系统操作后，单击主界面菜单项"File"中的"Exit"按钮或者按 < Ctrl + Q > 快捷键即可退出，也可在命令窗口中输入"quit"，按 < Enter > 键退出。

1.3　MATLAB 的工作环境

通常情况下，MATLAB 的工作环境主要由界面布局、命令窗口（Command Window）、工作空间窗口（Workspace）、历史命令窗口（Command History）和图形窗口（Figure）等组成。本节简单介绍这些窗口的使用方法。

1.3.1 界面布局

MATLAB R2016b 的操作界面与 Windows 的窗口界面类似，有工具栏和菜单项"File""Edit""Debug""Desktop""Window"和"Help"等可以选择。

默认打开的窗口包括命令窗口、历史命令窗口、工作空间窗口和当前路径窗口（Current Directory）。此外，还有编译窗口（Editor）、图形窗口和帮助窗口（Help）等其他种类的窗口。

1.3.2 命令窗口

在默认设置下，MATLAB R2016b 操作界面的右侧窗口即命令窗口。该窗口自动显示于 MATLAB 的操作界面中，如果用户想调出命令窗口，可以单击命令窗口右上角的箭头图标 ⤢，则单独弹出命令窗口；如果用户想要再把命令窗口放回界面，则单击右上角的箭头图标 ⤡ 就会恢复系统默认位置。

命令窗口是和 MATLAB 编译器连接的主要窗口。">>"为运算提示符，表示 MATLAB 处于准备状态。MATLAB 具有良好的交互性，当在提示符后输入一段正确的表达式时，只需按 Enter 键，命令窗口中就会直接显示运算结果。

例如，计算一个圆的面积，假设圆的半径为 10，那么只需在命令窗口中输入如下式：

```
>> area = pi * 10^2
```

按 < Enter > 键出现如下结果：

```
area =
    314.1593

>>
```

同时 MATLAB 的提示符">>"不会消失，这表明 MATLAB 继续处于准备状态。

1.3.3 工作空间窗口

在默认设置下，工作空间窗口自动显示于 MATLAB 操作界面中，用户也可以选择"Desktop"/"Workspace"命令调出或隐藏该窗口，如图 1 − 2 所示。

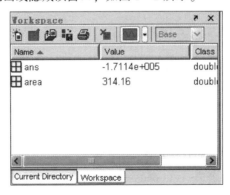

图 1 − 2 工作空间窗口

工作空间窗口是 MATLAB 的重要组成部分，例如表达式 "x = 10" 产生了一个名为 x 的变量，而且这个变量 x 被赋予 10 的值，这个值被存储在计算机的内存中。工作空间窗口用来显示当前计算机内存中 MATLAB 变量的名称、数学结构、该变量的字节数及其类型，在 MATLAB 中不同的变量类型对应不同的变量名图标。

1.3.4　历史命令窗口

在默认设置下，历史命令窗口自动显示于 MATLAB 操作界面中，用户也可以选择 "Desktop" / "Command History" 命令调出或隐藏该窗口，如图 1 – 3 所示。

历史命令窗口显示用户在命令窗口中所输入的每条命令的历史记录，并标明使用时间，这样可以方便用户查询。如果用户想再次执行某条已执行过的命令，只需在历史命令窗口中双击该命令；如果用户需要从历史命令窗口中删除一条或多条命令，只需选中这些命令，并右击，在弹出的快捷菜单中选择 "Delete Selection" 命令。

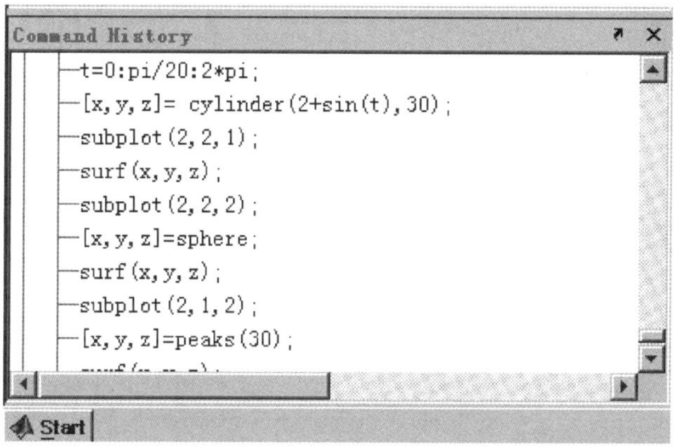

图 1 – 3　历史命令窗口

1.3.5　图形窗口

MATLAB 语言的绘图函数和工具将所绘制的图形在图形窗口中显示，该窗口与 MATLAB 的主窗口分离。图形窗口主要用于显示用户所绘制的图形。通常只要执行了任意一种绘图命令，图形窗口就会自动产生，用户即可在图形窗口中进行绘图。

如果要再建一个图形窗口，则可以输入 "figure" 命令，MATLAB 就会新建一个图形窗口，并自动给它排出序号，如图 1 – 4 所示。

例如在命令窗口中输入以下语句：

```
>>  x = linspace(0,7);
y = sin(2 * x);
plot(x,y)
```

在图形窗口中得到的绘图结果如图 1 – 5 所示。

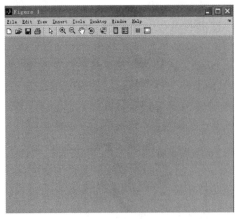

图 1－4　图形窗口

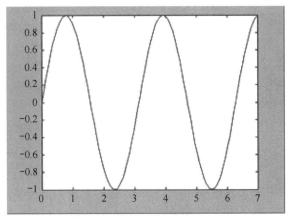

图 1－5　绘图结果

1.4　MATLAB 的常用命令

MATLAB 的命令基本上可以分为 5 类，分别是管理命令、变量与工作空间管理命令、文件与操作系统处理命令、窗口控制命令以及启动与退出命令。以下分别以表格的形式进行说明。

1. 管理命令

管理命令的函数名及其功能描述如表 1－1 所示。

表 1－1　管理命令

函数名	功能描述	函数名	功能描述
addpath	增加一条搜索路径	what	列出当前目录下的有关文件
rmpath	删除一条搜索路径	lasterr	显示最后一条信息
demo	运行 MATLAB 演示程序	whatsnew	显示 MATLAB 的新特性
type	列出 M 文件	lookfor	搜索关键词
doc	装入超文本文档	which	找出函数与文件所在的目录
version	显示 MATLAB 的版本号	path	设置或查询 MATLAB 路径
help	启动联机帮助	—	—

2. 变量与工作空间管理命令

变量与工作空间管理命令的函数名及其功能描述如表 1－2 所示。

表 1－2　变量与工作空间管理命令

函数名	功能描述	函数名	功能描述
clear	删除内存中的变量与函数	length	查询向量的维数
pack	整理工作空间内存	size	查询矩阵的维数
disp	显示矩阵与文本	load	从文件中装入数据
save	将工作空间中的变量存盘	who，whos	列出工作空间中的变量名

3. 文件与操作系统处理命令

文件与操作系统处理命令的函数名及其功能描述如表1-3所示。

表1-3 文件与操作系统处理命令

函数名	功能描述	函数名	功能描述
cd	改变当前工作目录	tempdir	获得系统的缓存目录
edit	编辑 M 文件	dir	列出当前目录的内容
delete	删除文件	tempname	获得一个缓存（temp）文件
matlabroot	获得 MATLAB 的安装根目录	!	执行操作系统命令
diary	将 MATLAB 运行命令存盘	—	—

4. 窗口控制命令

窗口控制命令的函数名及其功能描述如表1-4所示。

表1-4 窗口控制命令

函数名	功能描述
echo	显示文件中的 MATLAB 命令
more	控制命令窗口的输出页面
format	设置输出格式
clf	清除当前图形窗口里的所有非隐藏图形对象
close	关闭当前的图形窗口
close all	关闭所有的图形窗口
clc	清除命令窗口里的内容，光标回到窗口的左上角

5. 启动与退出命令

启动与退出命令的函数名及其功能描述如表1-5所示。

表1-5 启动与退出命令

函数名	功能描述
matlabrc	启动主程序
quit	退出 MATLAB 环境
startup	MATLAB 自启动程序

1.5 MATLAB 帮助系统

MATLAB 的帮助系统非常全面，几乎包括该软件的所有内容。执行 MATLAB 主窗口中的 "Help" 命令，或单击主窗口中的 "?" 按钮即可打开帮助窗口。

1. 命令窗口查询帮助系统

帮助命令分为 help 系列命令、lookfor 命令和其他帮助命令。

1）help 系列命令

help 系列命令有"help""help + 函数（类）名""helpwin"和"helpdesk"，后两者是用来调用联机帮助窗口的，当已知某函数的函数名而不知其用法时，"help"命令可帮助用户准确地了解此函数的用法。

"help"命令是常用的命令，在命令窗口中直接输入"help"命令将显示当前的帮助系统中所包含的所有项目，即搜索路径中所有的目录名称。

"help + 函数（类）名"是一个最常用的帮助命令，可以帮助用户进行深入的学习。例如："helpmatfun"为"help + 函数类名"格式，"help inv"为"help + 函数名"格式。

2）lookfor 命令

lookfor 命令可以用来查找不知其确切名称的函数，MATLAB 会根据用户提供的关键字搜索相关的函数，如"lookfor diff""lookfor log"。

3）其他帮助命令

其他帮助命令的函数名及其功能描述如表 1-6 所示。

表 1-6　其他帮助命令

函数名	功能描述
exist	变量检验函数
what	目录中文件列表
who	内存变量列表
whos	内存变量详细信息
which	确定文件位置

2. 演示帮助系统

在主窗口中单击"help"按钮，可打开帮助窗口，再单击"demos"按钮，则打开演示帮助系统，在命令窗口中输入"demos"命令也可打开演示帮助系统。

习　题　1

1-1　安装 MATLAB R2016b 软件并熟练掌握各种命令。

1-2　简述 MATLAB 语言的主要特点。

1-3　MATLAB 的常用命令有哪些？简单举例。

1-4　用 MATLAB 计算 $[16 + 3 \times (9 - 5)] \div 21$。

第 2 章

基 本 语 法

2.1 变量和赋值语句

变量是 MATLAB 的基本元素之一，与其他常规程序设计语言不同，MATLAB 语言不需要对所使用的变量进行事先说明，也不需要指定变量的类型，系统会根据变量被赋予的值或对变量所进行的操作自动确定变量的类型。

在 MATLAB 语言中，变量的命名规则如下：

（1）变量名长度不超过 31 位，超过 31 位的字符系统将忽略不计；

（2）变量名区分大、小写，不能用中文和全角符号；

（3）变量名必须以字母开头，变量名中可以包含字母、数字或下划线，但不允出现标点符号。

在未加特殊说明的情况下，MATLAB 语言将识别到的所有变量视为局部变量，即变量仅在其调用的 M 文件内有效。若要定义全局变量，应对变量进行说明，即在变量前加关键字 global。

需要注意的是，用户在对某个变量赋值时，如果该变量已经存在，系统会自动使用新值代替旧值。

例如，在命令窗口中输入：

```
>> a = 1; a = 2
```

运行结果为

```
a =
    2
```

赋值有两种方式，分别为直接赋值和变量赋值。

1. 直接赋值

直接赋值是在命令窗口中直接输入表达式，按 < Enter > 键确认，系统会自动赋予变量名并运算出结果。

例如，在命令窗口中输入：

```
>>11 +16
```

运行结果为

ans =

　　　27

在上式中由于没有将表达式的值赋给一个指定的变量，因此系统默认将该值赋给 ans。

2. 变量赋值

变量赋值是当表达式比较复杂或重复出现次数太多时，可先定义变量，再由变量表达式计算得到结果。其中表达式是用运算符将有关运算量连接起来的式子，其结果是一个矩阵。变量赋值的格式为

变量 = 表达式

例 2 - 1　计算表达式的值，并显示计算结果。

在命令窗口中输入：

>> a = 11 + 22;

>> b = 23 - 17;

>> c = a + b

运行结果为

c =

　　　39

需要注意的是，分号"；"和逗号"，"可作为指令间的分隔符，MATLAB 允许多条语句在同一行出现。分号"；"如果出现在指令后，命令窗口将不显示计算结果；如果指令后面是逗号"，"，则命令窗口将显示计算结果。

2.2　数组及其赋值

MATLAB 中的数组是广义数组，是指由一组实数或复数排成的长方阵列，包括行向量、列向量和矩阵。它可以是一维的"行"或"列"，可以是二维的矩阵，也可以是三维的甚至更高维的矩阵。在 MATLAB 中变量和常量都代表数组，赋值语句的一般形式为

变量 = 表达式（或数）

例如，在命令窗口输入数组：

>> a = [1 2 3;4 5 6;7 8 9]

运行结果为

　　a =

　　　1　　2　　3

　　　4　　5　　6

　　　7　　8　　9

数组是 MATLAB 的核心，MATLAB 提供了数组运算的强大功能。

1. 一维数组的创建

1）逐个元素输入法

借助数组编辑器可逐个输入数组元素（对于二维数组同样适用），也可在命令窗口中直接输入。在输入数组时要求将数组放置在"［　］"中；数组元素用空格或逗号"，"分隔，数组行用分号"；"或回车符分隔。

例如，在命令窗口中输入一维数组：

```
>>x = [1 pi/2 sqrt(2) 2 +4i]
```

运行结果为

```
x =
     1.0000        1.5708        1.4142        2.0000 +4.0000i
```

2）冒号生成法

冒号是 MATLAB 最重要的运算符之一，冒号表示形式可以直接定义数据之间的增量。其一般格式如下：

```
start:step:stop      % 其中 start 为初始值,step 为步长,stop 为终值
start:stop           % 步长省略时系统默认为 1
```

例2-2 生成初值为1，终值为10，步长为3的序列。

在命令窗口中输入一维数组：

```
>>Z =1:3:10
```

运行结果为

```
Z =
     1    4    7    10
```

3）定数线性采样法

产生首、尾元素分别为 a 和 b，采样为 n 的数组，当 n 省略时默认值为100，其格式如下：

```
x = linspace(a,b,n)
```

其中，a、b 是数组首、尾元素，n 是采样总点数，等同于 $x = a:(b-a)/(n-1):b$。

例如，在命令窗口中输入：

```
>>Z = linspace(2,10,5)
```

运行结果为

```
Z =
     2    4    6    8    10
```

4）定数对数采样法

产生首、尾元素分别为 10^a 和 10^b，采样为 n 的数组，n 省略时默认值为50，其格式如下：

```
x = logspace(a,b,n)      % 首元素是 10^a,尾元素是 10^b
```

例如，在命令窗口中输入：

```
>>x = logspace(0,3,4)
```

运行结果为

```
x =
     1    10    100    1 000
```

2. 一维数组的寻访及赋值

在进行数组运算时可以对整个数组进行操作，也可以通过对数组的元素进行赋值来操作，而找出需要操作的元素，就是数组的寻访。下面通过一个例子说明数组的寻访及赋值的用法。

例2-3 生成含5个元素的一维数组，同时对其元素进行寻访及赋值。

在命令窗口中输入：

```
>>x = rand(1,5)      % 产生平均分布的随机数组
```

运行结果为

```
x =
     0.9501    0.2311    0.6068    0.4860    0.8913
```

当要访问 x 中的单个元素时，可以采用直接访问的方法：

```
>>x(3)                % 寻访数组 x 的第 3 个元素
ans =
     0.6068
```

还可以使用中括号访问数组中多个不连续的元素，如下所示：

```
>>x([1 2 5])          % 寻访数组 x 的第 1、2、5 个元素组成的子数组
ans =
     0.9501    0.2311    0.8913
```

使用冒号可以访问数组中的连续元素，如下所示：

```
>>x(1:3)              % 寻访前 3 个元素组成的子数组
ans =
     0.9501    0.2311    0.6068
```

此外，end 参数表示数组的结尾，如下所示：

```
>>x(3:end)            % 寻访除前两个元素外的全部其他元素
ans =
     0.6068    0.4860    0.8913
>>x(3:-1:1)           % 由前 3 个元素倒排构成的子数组
ans =
     0.6068    0.2311    0.9501
>>x(find(x>0.5))% 由大于 0.5 的元素构成的子数组
ans =
     0.9501    0.6068    0.8913
>>x(3)=0              % 把第 3 个元素重新赋值为 0
x =
     0.9501    0.2311         0    0.4860    0.8913
>>x([1 4])=[1 1] % 把当前 x 数组的第 1、4 个元素都赋值为 1
x =
     1.0000    0.2311         0    1.0000    0.8913
```

MATLAB 提供的数据类型有十余种之多，但所有 MATLAB 的变量，不管是什么类型的，都以数组或矩阵的形式保存。

2.3　矩阵的表示

2.3.1　一般矩阵的表示

在 MATLAB 中创建矩阵有以下规则：

（1）矩阵元素必须在"［］"内；

（2）矩阵的同行元素之间用空格符（或"，"）隔开；

（3）矩阵的行与行之间用";"（或回车符）隔开；

（4）矩阵的元素可以是数值、变量、表达式或函数；

（5）矩阵的尺寸不必预先定义，一般可用直接输入法或利用 M 文件建立矩阵。

1. 用直接输入法建立矩阵

最简单的建立矩阵的方法是从键盘直接输入矩阵的元素，即将矩阵的元素用方括号括起来，按矩阵行的顺序输入各元素，同一行的各元素之间用空格符或逗号分隔，不同行的元素之间用分号分隔。

2. 利用 M 文件建立矩阵

对于比较大且较复杂的矩阵，可以为它专门建立一个 M 文件。下面通过一个例子说明如何利用 M 文件建立矩阵。

例如，利用 M 文件建立"mymatrix"矩阵，分以下 3 步完成：

（1）启动有关编辑程序或 MATLAB 文本编辑器，并输入待建矩阵；

（2）把输入的内容以纯文本方式存盘，文件命名为"mymatrix. m"；

（3）在 MATLAB 命令窗口中输入"mymatrix"，即运行该 M 文件，会自动建立一个名为"mymatrix"的矩阵。

MATLAB 能直接处理向量或矩阵。当然首要任务是输入待处理的向量或矩阵，可以直接按行输入每个元素，同一行中的元素用逗号","或者空格符分隔，且空格符个数不限；不同的行用分号";"分隔。所有元素处于一个方括号"[ ]"内，当矩阵是多维（三维及以上）的，且方括号内的元素是维数较低的矩阵时，会有多重方括号。

例如，在命令窗口中输入：

```
>> a = [23 25; 37 68]      % 生成一个矩阵
```

运行结果为

```
a =
    23    25
    37    68
```

2.3.2 特殊矩阵的表示

MATLAB 中常常要用到一些特殊的矩阵，使用这些矩阵的函数和命令可使编程更简捷。

1. 符号矩阵的生成

在 MATLAB 中输入符号向量或者矩阵的方法和输入数值类型的向量或者矩阵的方法在形式上很相似，只不过要用到符号矩阵定义函数 sym 或者符号定义函数 syms，先定义一些必要的符号变量，再像定义普通矩阵一样输入符号矩阵。

数值型和符号型在 MATLAB 中是不相同的，它们之间不能直接进行转化，因此MATLAB提供了一个将数值型转化成符号型的函数，即 sym()。

这时的函数 sym()实际是在定义一个符号表达式，这时的符号矩阵中的元素可以是任何符号或者表达式，而且长度没有限制，只是将方括号置于创建符号表达式的单引号中。

例如，在命令窗口中输入：

```
>> sym_matrix = sym('[a b c;tom,hello,are you]')
```

运行结果为

```
sym_matrix =
```

```
[a,b,c,0]
[tom,hello,are,you]
```

2. 全零矩阵的生成

生成全零矩阵要使用函数 zeros( )，其格式为

```
B = zeros(n)                    % 生成 n×n 全零矩阵
B = zeros(m,n)                  % 生成 m×n 全零矩阵
B = zeros([m n])                % 生成 m×n 全零矩阵
B = zeros(d1,d2,d3,…)           % 生成 d1×d2×d3×…全零矩阵或数组
B = zeros([d1 d2 d3,…])         % 生成 d1×d2×d3×…全零矩阵或数组
B = zeros(size(A))              % 生成与矩阵 A 相同大小的全零矩阵
```

3. 单位矩阵的生成

生成单位矩阵要使用函数 eye( )，其格式为

```
Y = eye(n)                      % 生成 n×n 单位矩阵
Y = eye(m,n)                    % 生成 m×n 单位矩阵
Y = eye(size(A))                % 生成与矩阵 A 相同大小的单位矩阵
```

4. 全 1 矩阵的生成

生成全 1 矩阵要使用函数 ones( )，其格式为

```
Y = ones(n)                     % 生成 n×n 全 1 矩阵
Y = ones(m,n)                   % 生成 m×n 全 1 矩阵
Y = ones([m n])                 % 生成 m×n 全 1 矩阵
Y = ones(d1,d2,d3,…)            % 生成 d1×d2×d3×…全 1 矩阵或数组
Y = ones([d1 d2 d3,…])          % 生成 d1×d2×d3×…全 1 矩阵或数组
Y = ones(size(A))               % 生成与矩阵 A 相同大小的全 1 矩阵
```

5. 均匀分布随机矩阵的生成

生成均匀分布随机矩阵要使用函数 rand( )，其格式为

```
Y = rand(n)                     % 生成 n×n 均匀分布随机矩阵,其元素在(0,1)内
Y = rand(m,n)                   % 生成 m×n 均匀分布随机矩阵
Y = rand([m n])                 % 生成 m×n 均匀分布随机矩阵
Y = rand(m,n,p,…)               % 生成 m×n×p×…均匀分布随机矩阵或数组
Y = rand([m n p…])              % 生成 m×n×p×…均匀分布随机矩阵或数组
Y = rand(size(A))               % 生成与矩阵 A 相同大小的均匀分布随机矩阵
rand                            % 无变量输入时只产生一个均匀分布随机数
s = rand('state')               % 产生包括均匀发生器当前状态的 35 个元素的向量
rand('state', s)                % 使状态重置为 s
rand('state', 0)                % 重置均匀发生器到初始状态
rand('state', j)                % 对整数 j 重置均匀发生器到第 j 个状态
rand('state', sum (100 * clock))% 每次重置均匀发生器到不同状态
```

例 2－4　产生一个 3×4 均匀分布随机矩阵。

在命令窗口中输入：

```
>>R = rand(3,4)
```

运行结果为

```
R =
    0.9501    0.4860    0.4565    0.4447
    0.2311    0.8913    0.0185    0.6154
    0.6068    0.7621    0.8214    0.7919
```

6. 正态分布随机矩阵的生成

生成正态分布随机矩阵要使用函数 randn，其格式为

Y = randn(n)	% 生成 n×n 正态分布随机矩阵
Y = randn(m,n)	% 生成 m×n 正态分布随机矩阵
Y = randn([m n])	% 生成 m×n 正态分布随机矩阵
Y = randn(m,n,p,…)	% 生成 m×n×p×… 正态分布随机矩阵或数组
Y = randn([m n p…])	% 生成 m×n×p×… 正态分布随机矩阵或数组
Y = randn(size(A))	% 生成与矩阵 A 相同大小的正态分布随机矩阵
randn	% 无变量输入时只产生一个正态分布随机数
s = randn('state')	% 产生包括正态发生器当前状态的两个元素的向量
s = randn('state', s)	% 重置状态为 s
s = randn('state', 0)	% 重置正态发生器为初始状态
s = randn('state', j)	% 对于整数 j 重置正态发生器到第 j 个状态
s = randn('state', sum(100 * clock))	% 每次重置正态发生器到不同状态

例 2-5　产生均值为 0.8，方差为 0.1 的 4 阶矩阵。

在命令窗口中输入：

```
>>mu = 0.8; sigma = 0.1;
>>x = mu + sqrt(sigma) * randn(4)
```

运行结果为

```
x =
    1.0579    1.1766    0.2927    0.5454
    1.0251    0.4197    0.8814    0.9672
    1.2080    0.7937    0.4659    0.8694
    1.0114    0.7504    1.2475    0.5085
```

7. 以输入元素为主对角线元素的矩阵的生成

生成以输入元素为主对角线元素的矩阵，要使用函数 blkdiag( )，其格式为

out = blkdiag(a,b,c,d,…)　　% 产生以 a,b,c,d,… 为主对角线元素的矩阵

例 2-6　生成对角矩阵。

在命令窗口中输入：

```
>>out = blkdiag(1,2,3,4)
```

运行结果为

```
out =
    1    0    0    0
    0    2    0    0
    0    0    3    0
    0    0    0    4
```

8. 友矩阵的生成

生成友矩阵要使用函数 compan( )，其格式为

A = compan(u)

其中，u 为多项式系统向量；A 为友矩阵，其第 1 行元素为 $-u(2{:}n)/u(1)$，$u(2{:}n)$ 为 u 的第 2 列第 n 个元素。A 的特征值就是多项式的特征根。

例 2 - 7　求多项式的友矩阵和根。

在命令窗口中输入：

```
>> u = [1 0 - 7 6];
>> A = compan(u)          % 求多项式的友矩阵
>> eig(A)                 % A 的特征值就是多项式的根
```

运行结果为

```
A =
     0     7    - 6
     1     0      0
     0     1      0
ans =
    - 3.0000
      2.0000
      1.0000
```

9. 哈达玛（Hadamard）矩阵的生成

生成哈达玛矩阵要使用函数 hadamard( )，其格式为

H = hadamard(n)   % 返回 n 阶哈达玛矩阵

例 2 - 8　生成一个 4 阶的哈达玛矩阵。

在命令窗口中输入：

```
>> h = hadamard(4)
```

运行结果为

```
h =
     1     1     1     1
     1    -1     1    -1
     1     1    -1    -1
     1    -1    -1     1
```

10. 托普利兹（Toeplitz）矩阵的生成

生成托普利兹矩阵要使用函数 toeplitz( )，其格式为

```
T = toeplitz(c,r)        % 生成一个非对称的托普利兹矩阵,将 c 作为第 1 列
                         % 将 r 作为第 1 行,其余元素与左上角相邻元素相等
T = toeplitz(r)          % 用向量 r 生成一个对称的托普利兹矩阵
```

例如，在命令窗口中输入：

```
>> c = [1 2 3 4 5];
>> r = [1 2.5 3.5 4.5 5.5];
>> T = toeplitz(c,r)
```

运行结果为

```
T =
    1.0000    2.5000    3.5000    4.5000    5.5000
    2.0000    1.0000    2.5000    3.5000    4.5000
    3.0000    2.0000    1.0000    2.5000    3.5000
    4.0000    3.0000    2.0000    1.0000    2.5000
    5.0000    4.0000    3.0000    2.0000    1.0000
```

2.4　常用运算符和函数

2.4.1　常用运算符

在 MATLAB 中进行编程或运算时，经常要用到一些基本运算符，一般包括加"＋"、减"－"、乘"＊"、除"／"、左除"＼"、幂"＾"等。

2.4.2　常用函数

MATLAB 中包含一些基本函数，可以直接用来进行函数计算，表2-1列出了部分常用函数。

表2-1　常用函数

函数名	功能	函数名	功能
sin( )	正弦(变量为弧度)	log10( )	以10为底的对数
cot( )	余切(变量为弧度)	acosd( )	反余弦(返回角度)
sind( )	正弦(变量为角度)	sqrt( )	开方
cotd( )	余切(变量为角度)	tan( )	正切(变量为弧度)
asin( )	反正弦(返回弧度)	realsqrt( )	返回非负根
acot( )	反余切(返回弧度)	tand( )	正切(变量为角度)
asind( )	反正弦(返回角度)	abs( )	取绝对值
acotd( )	反余切(返回角度)	atan( )	反正切(返回弧度)
cos( )	余弦(变量为弧度)	angle( )	返回复数的辐角
exp( )	指数	atand( )	反正切(返回角度)
cosd( )	余弦(变量为角度)	mod(x,y)	返回 x/y 的余数
log( )	对数	sum( )	向量元素求和
acos( )	反余弦(返回弧度)	abs(x)	常量的绝对值或向量长度
sqrt( )	开平方	imag(z)	复数 z 的虚部
angle(z)	复数 z 的辐角	real(z)	复数 z 的实部
conj(z)	复数 z 的共轭复数	round(x)	四舍五入至最近整数

其余函数可以用"help elfun"和"help specfun"命令获得。

2.4.3 MATLAB 预定义变量

MATLAB 内部定义了一些变量，不需要用户赋值，启动时直接供用户使用，如表 2 - 2 所示。

表 2 - 2　MATLAB 预定义变量

预定义变量	意　　义
ans	默认变量名
pi	π(3.141 592 653)
eps	误差容限，eps = 2.220 4e - 016
inf 或 Inf	infinity（正无穷大），- inf 为负无穷大
nan 或 NaN	非数值，如 0/0、inf/inf、inf - inf、0 * inf 等
flops	浮点运算数
i 或 j	虚数单位 $i = j = \sqrt{-1}$
nargin	函数的输入变量数
nargout	函数的输出变量数
realmax	最大正实数，realmax = 1.797 7e + 308
realmin	最小正实数，realmin = 2.225 1e - 308

2.5　关系和逻辑运算

2.5.1　关系运算

MATLAB 提供了 6 种关系运算符：小于" < "、小于等于" < = "、大于" > "、大于等于" >= "、等于" == "、不等于" ~ = "。它们的含义不难理解，但要注意其书写方法与数学中的不等式符号的区别。

关系运算的运算法则如下：

（1）当两个比较量是标量时，直接比较两数的大小。若关系成立，关系表达式结果为 1，否则为 0。

（2）当参与比较的量是两个维数相同的矩阵时，比较是对两矩阵相同位置的元素按标量关系运算规则逐个进行，并给出元素比较结果。最终关系运算的结果是一个维数与原矩阵相同的矩阵，它的元素是 0 或 1。

（3）当参与比较的一个是标量，而另一个是矩阵时，则把标量与矩阵的每一个元素按标量关系运算规则比较，并给出元素比较结果。最终关系运算的结果是一个维数与原矩阵相同的矩阵，它的元素是 0 或 1。

例 2 - 9　产生 5 阶随机矩阵 A，其元素为 [10，90] 区间的随机整数，然后判断 A 的元素是否能被 3 整除。

在命令窗口中输入：

```
>> A = fix((90 - 10 + 1) * rand(5) + 10)   % 生成 5 阶随机矩阵 A
>> P = rem(A,3) == 0                        % 判断 A 的元素是否可以被 3 整除
```

运行结果

其中，rem(A, 3)是矩阵**A**的每个元素除以 3 的余数矩阵。此时，0 被扩展为与**A**同维数的零矩阵，**P**是进行等于比较的结果矩阵。

2.5.2 逻辑运算

MATLAB 提供了 3 种逻辑运算符：与"&"、或"|"和非"~"。

逻辑运算的运算法则如下：

(1) 在逻辑运算中，非零元素为真，用 1 表示；零元素为假，用 0 表示。

(2) 设参与逻辑运算的两个标量为 a 和 b，两者的 3 种逻辑运算如下：

```
a&b      % a、b 全为非零时,运算结果为 1,否则为 0
a|b      % a、b 中只要有一个非零,运算结果为 1
~a       % 当 a 是零时,运算结果为 1;当 a 非零时,运算结果为 0
```

(3) 若参与逻辑运算的是两个同维矩阵，那么运算将对矩阵相同位置上的元素按标量逻辑运算规则逐个进行。最终运算结果是一个与原矩阵同维的矩阵，其元素是 1 或 0。

(4) 若参与逻辑运算的一个是标量，一个是矩阵，那么运算将在标量与矩阵中的每个元素之间按标量逻辑运算规则逐个进行。最终运算结果是一个与矩阵同维的矩阵，其元素是 1 或 0。

(5) 逻辑非是单目运算符，也服从矩阵运算规则。

(6) 在算术、关系、逻辑运算中，算术运算的优先级最高，逻辑运算的优先级最低。

例 2 – 10   建立矩阵**A**，然后找出大于 4 的元素的位置。

在命令窗口中输入：

```
>> A = [4, -65, -54,0,6;56,0,67, -45,0];   % 建立矩阵 A
>> find(A > 4)                              % 找出大于 4 的元素的位置
```

运行结果为

```
ans =
    2
    6
    9
```

2.6   基本绘图方法

2.6.1   二维图形基本绘图函数

MATLAB 提供了两种级别的二维图形基本绘图函数，分别是低级绘图函数 line( ) 和高级绘图函数 plot( )。

1. 低级绘图函数 line( )

MATLAB 允许用户在图形窗口的任意位置用低级绘图函数 line( ) 画直线或折线。line( ) 函数

的常用语法格式为

```
line(X,Y)
```

其中 X、Y 都是一维数组，line(X，Y)能够把 (X(i)，Y(i)) 代表的各点用线段顺次连接起来，从而绘制出一条折线。

例 2 - 11　利用 line( ) 函数绘制 $y = \sin x$ 的图形。

输入 MATLAB 程序如下：

```
>>x = 0:0.4 * pi:2 * pi;
>>y = sin(x);
>>line(x,y)
```

运行结果

2. 高级绘图函数 plot( )

高级绘图函数 plot( ) 以一体化的方式绘制图形，用户只需给出图形定义数据、绘图范围和刻度大小等，细节内容由系统自动确定。它是 MATLAB 中最核心的二维绘图函数，它有多种语法格式，可以实现多种功能。

1）最简单的用法 plot(Y)

当 Y 是一维数组时，plot(Y)是把 (i，X(i))各点顺次连接起来，其中 i 的取值范围是 1 ~ length(X)；当 Y 是普通的二维数组时，plot(Y(:，i))相当于对 Y 的每一列进行画线，并把所有的折线累叠绘制在当前坐标轴下。

2）最常用的用法 plot(X，Y)

当 X 和 Y 都是一维数组时，plot(X，Y)的功能和 line(X，Y)类似；当 X 和 Y 是一般的二维数组时，就是对 X 和 Y 的对应列画线。

特别地，当 X 是一个向量，Y 是一个在某一方向和 X 具有相同长度的二维数组时，plot(X，Y)则是对 X 和 Y 的每一行（或列）画线。

3）拓展用法 plot(X1，Y1，X2，Y2，…，Xn，Yn)

当对多组变量同时进行绘图时，对于每一组变量，其意义和 plot(X，Y)一致。

例 2 - 12　利用 plot(x)和多组变量的语法格式绘制 $y = \sin x$、$y = \cos x$、$y = \sin(x - 0.1\pi)$、$y = \cos(x + 0.1\pi)$的二维图形。

输入 MATLAB 程序如下：

```
>>x = 0:0.4 * pi:2 * pi;
>>y1 = sin(x);
>>y2 = cos(x);
>>y3 = sin(x - 0.1 * pi);
>>y4 = cos(x + 0.1 * pi);
>>plot(x,y1,x,y2,x,y3,x,y4)
>>title('Plot 绘图结果')
>>xlabel('x','FontSize',15)
>>ylabel('y','FontSize',8)
```

运行结果

从运行结果可知，对多组数据绘图时，MATLAB 语句可以通过不同的颜色区分各条曲线。实际上，在 plot( ) 函数中就可以设置各条曲线的颜色、线型等属性，这时候 plot( ) 函数对应的语法格式为

```
plot(X1,Y1,LineSpec,…)
```

其中，LineSpec 就是一个指定曲线颜色、线型等特征的字符串。可以通过字符串 LineSpec 指定曲

线的线型、颜色以及数据点的标记类型。这在突出显示原始数据点和个性化区分多组数据的时候是十分有用的。

例如，"-.or"表示曲线采用点画线类型，数据点用圆圈标记，颜色都设为红色。需要注意的是，当指定了数据点的标记类型，但不指定线型时，则表示只标记数据点，而不进行连线绘图。

表2-3列出了MATLAB中可供选择的曲线线型、颜色和数据点的标记类型。

表2-3　LineSpec 可选字符串列表

标识符	意义	标识符	意义
+	加号	r	红色
o	圆圈	g	绿色
*	星号	b	蓝色
.	点	c	蓝绿色
x	交叉符号	m	洋红色
s(或 square)	方格	y	黄色
d(或 diamond)	菱形	k	黑色
^	向上的三角形	w	白色
v	向下的三角形	-	实线
>	向左的三角形	-.	点画线
<	向右的三角形	--	虚线
p(或 pentagram)	五边形	:	点线
h(或 hexagram)	六边形	—	—

例2-13　在同一图形窗口中绘制 $\sin x$ 和 $\sin\left(x+\dfrac{\pi}{2}\right)$ 的二维图形，并使用不同的曲线线型、颜色和数据点的标记类型。

输入 MATLAB 程序如下：

```
>> x = 0:pi/20:2 * pi;
>> y1 = sin(x);
>> y2 = sin(x + pi/2);
>> plot(x,y1,'r:',x,y2,'+')
```

运行结果

2.6.2　二维图形的修饰

当使用 plot( )函数绘图时，虽然运用方便，但它所产生的图形却显得有些简单，不能产生特殊的效果。因此，MATLAB 提供了一些图形函数，专门对由 plot( )函数所画出的图形进行进一步的修饰，以使其更加美观、更便于应用，如坐标轴范围的设定（axis( )函数）、加坐标轴名称（xlabel( )、ylabel( )函数）、加网格（grid( )函数）、加图题（title( )函数）以及对图形进行文字注释（text( )函数）等。

1. 使用函数修饰图形

MATLAB 可以自动根据曲线数据的范围选择合适的坐标轴，从而使曲线尽可能清晰地显示出来，一般情况下用户不必进行坐标轴的选择。但是，如果用户对 MATLAB 自动生成的坐标轴不满意，就可以利用 axis( )函数对所要绘制的图形的坐标轴进行调整。

（1）采用 axis( )函数可以根据需要适当调整坐标轴的范围，其调用格式为

axis([xmin xmax ymin ymax])

此函数所画的 x 轴的范围为（xmin, xmax），y 轴的范围为（ymin, ymax）。

需要说明的是，在绘图时，由于图形的坐标已经给定，所以对坐标轴范围参数的更改，其实际效果相当于对原图形进行了放大或缩小处理。

例 2–14　利用 axis( )函数调整 $y = \sin x$ 的坐标轴范围。

输入 MATLAB 程序如下：

```
>>x = 0:pi/100:2 * pi;
>>y = sin(x);
>>line([0,2 * pi],[0,0])
>>hold on;
>>plot(x,y)
>>axis([0 2 * pi -1 1])
```

若将最后一条命令改为

```
>>axis([0 2 * pi -2 2])
```

运行结果
（坐标调整前）　　运行结果
（坐标调整后）

修改命令后的运行结果如同对原运行结果的 y 轴进行了压缩。

MATLAB 可以根据视图需求适当调整坐标轴状态，调用 axis( )函数的格式为

axis(str)

其功能是将坐标轴的状态设定为字符串参数 str 所指定的状态。

参数 str 是由一对单引号"'"所包起来的字符串，有时也可以省略这对单引号，它表明了坐标轴调整的具体状态。axis 的各种常用字符串如表 2–4 所示。

表 2–4　axis 的各种常用字符串

形式	功能
axis([xmin xmax ymin ymax])	按照用户给出的 x 轴和 y 轴的最大、最小值选择坐标系
axis auto 或 axis('auto')	自动设置坐标系：xmin = min(x)：xmax = max(x)；ymin = min(y)；ymax = max(y)；
axis xy 或 axis('xy')	使用笛卡儿坐标系
axis ij 或 axis('ij')	使用 matrix 坐标系，即坐标原点在左上方，x 坐标从左向右增大，y 坐标从上向下增大
axis square 或 axis('square')	将当前图形设置为正方形图形
axis equal 或 axis('equal')	将 x、y 坐标轴的单位刻度设置为相等
axis normal 或 axis('normal')	关闭 axis equal 和 axis square 命令
axis off 或 axis('off')	关闭网格线、x/y 坐标的用 label 命令所加的注释，但保留图形中 text 命令和 gtext 命令所添加的文本说明
axis on 或 axis('on')	打开网格线、x/y 坐标的用 label 命令所加的注释

（2）在 MATLAB 二维图形中，有无网格线对于图形的显示效果有很大的影响，可以利用 grid( )函数对二维图形中网格线的显示进行控制。grid( )函数的基本格式为

```
grid on                    %在所画出的图形中添加网格线
grid off                   % 将已有的网格线的图形去掉其网格线
```

例2-15 已知图2-1所示是带有网格线的单位圆图形,利用grid()函数去掉图形的网格线。

图2-1 绘图工具栏

输入 MATLAB 程序如下:
```
>> alpha = 0:0.01:2 * pi;
>> x = sin(alpha);
>> y = cos(alpha);
>> plot(x,y)
>> axis([ -1.5 1.5 -1.5 1.5])
>> grid off
>> axis square
```

运行结果

(3) MATLAB 中有专门的函数 title()为图形添加标题,其调用格式为

`title('string')`

% 设置当前绘图区的标题为字符串 string 的值

使用 title (… , 'PropertyName', PropertyValue, …) 可以在添加或设置标题的同时,设置标题的属性,如字体、颜色和加粗等。

例2-16 利用 title()函数为图形添加标题。

输入 MATLAB 程序如下:
```
>> x = 0:0.05:10;
>> y = exp( -0.2 * x).* cos(x);
>> plot(x,y)
>> title('\ite^{0.2x}cos(x)','FontWeight','Bold')
```

运行结果

2. 使用绘图工具栏标注图形

在 MATLAB 中除了使用函数标注图形外,另一种比较方便的做法是直接使用绘图工具栏在绘图窗口的菜单中选择 "View" → "Plot Edit Toorbar" 选项,会显示图2-1所示的绘图工具栏,这些工具按钮的功能类似 Windows 操作系统的画板功能,因此可以很方便地使用。

使用绘图工具栏标注图形的步骤如下:

(1) 单击 "Edit Plot" 按钮 ，选取图2-2所示的曲线为当前对象后,就可以通过 "Color" 按钮 改变曲线的颜色;或单击 "Edit Plot" 按钮 ，选取图2-2所示的坐标轴为当前对象后,就可以通过 "Color" 按钮 填充整个坐标系背景的颜色。

(2) 在绘图窗口中除了可以插入 label、title 或 text 外,还可以单击 "Insert Textbox" 按钮,在图面上单击放置该文本框的显示位置,完成后会自动显示一个文本框,在框内输入文字即可。MATLAB 会自动依据合适的大小调整文本框,当然,用户也可以自行通过鼠标拖拽调整文本框的大小与位置。

(3) 要指定出两个波峰间的距离,需单击 "Insert Line" 按钮,在两个波峰位置使用鼠标拖拽出两条线,通过 "Insert Double Arrow" 按钮画出两条线间的箭头;最后在该箭头上方建立一个文本

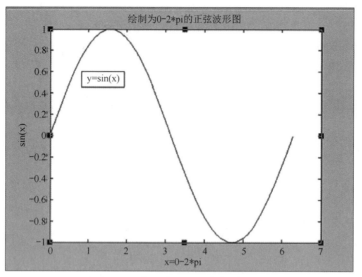

图 2 - 2　应用绘图工具栏标注图形

框并输入文字内容"\ pi"。假设文本框已为当前对象，在文本框上右击选择"Edge Color"选项后，将文本框的颜色设为白色。图 2 - 3 所示为完成后的图形。

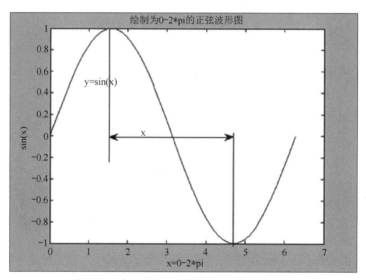

图 2 - 3　应用绘图工具栏标注完成后的图形

（4）图中所有建立好的对象都可以通过"Edit Plot"按钮 选取为当前对象后修改相关属性，如对于 Text 对象就可以通过绘图工具栏的工具按钮更改其文字的颜色、对齐方式、字型与字体等设置。

2.6.3　其他二维图形绘图函数

1. 对数坐标图

MATLAB 提供了绘制对数和半对数坐标曲线的函数，其调用格式如下：

```
semilogx(x1,y1,选项1,x2,y2,选项2,…)        % 在 x 轴取对数坐标
semilogy(x1,y1,选项1,x2,y2,选项2,…)        % 在 y 轴取对数坐标
loglog(x1,y1,选项1,x2,y2,选项2,…)          % 在 x 轴和 y 轴都取对数坐标
```

例 2 − 17　绘制 $y = 10x^2$ 的对数坐标图并与直角线性坐标图进行比较。

输入 MATLAB 程序如下：

```
>> x = 0:0.1:10;
>> y = 10 * x. * x;
>> subplot(2,2,1);plot(x,y);title('plot(x,y)');
>> grid on;
>> subplot(2,2,2);semilogx(x,y);title('semilogx(x,y)');
>> grid on;
>> subplot(2,2,3);semilogy(x,y);title('semilogy(x,y)');
>> grid on;
>> subplot(2,2,4);loglog(x,y);title('loglog(x,y)');
>> grid on;
```

运行结果

2. 极坐标图

polar( )函数用来绘制极坐标图，其调用格式为

```
polar(theta,rho,选项)
```

其中，theta 为极坐标极角，rho 为极坐标矢径，选项的内容与 plot( )函数相似。

例 2 − 18　绘制 $r = \sin(t)\cos(t)$ 的极坐标图，并标记数据点。

输入 MATLAB 程序如下：

```
>> t = 0:pi/50:2 * pi;
>> r = sin(t). * cos(t);
>> polar(t,r,'- *')
```

运行结果

在 MATLAB 中，二维统计分析图形很多，常见的有条形图、阶梯图、杆图和填充图等，所采用的函数分别为 bar(x, y)、stairs(x, y)、stem(x, y)、fill(x, y, c)。

2.6.4　三维曲线的绘制

三维曲线绘制函数 plot3( )与 plot( )函数的用法十分相似，其调用格式为

```
plot3(x1,y1,z1,选项1,x2,y2,z2,选项2,…,xn,yn,zn,选项n)
```

其中，每一组 x、y、z 组成一组曲线的坐标参数，选项的定义和 plot( )函数相同。当 x、y、z 是同维向量时，则 x、y、z 对应元素构成一条三维曲线；当 x、y、z 是同维矩阵时，则以 x、y、z 对应列元素绘制三维曲线，曲线条数等于矩阵列数。

例 2 − 19　绘制三维曲线。

输入 MATLAB 程序如下：

```
>> t = 0:pi/100:20 * pi;
>> x = sin(t);
>> y = cos(t);
>> z = t. * sin(t). * cos(t);
>> plot3(x,y,z);
```

运行结果

```
>>title('Line in 3 - D Space');
>>xlabel('X');ylabel('Y');zlabel('Z');
>>grid on;
```

2.6.5 多条曲线的绘制

1. 指定图形窗口

当需要多个图形窗口同时打开时，可以使用 figure( ) 函数，其格式为

```
figure(n)              % 产生新图形窗口
```

如果该窗口不存在，则产生新的图形窗口并将其设置为当前图形窗口，该窗口名为"Figure n"，而不关闭其他窗口。

2. 同一窗口多个子图

如果需要在同一个图形窗口中布置几幅独立的子图，可以在 plot( ) 函数前加上 subplot( ) 函数，将一个图形窗口划分为多个 6 区域，在每个区域中布置一幅子图，其格式为

```
subplot(m,n,k)         % 使(m×n)幅子图中的第 k 幅成为当前图
```

将图形窗口划分为 m × n 幅子图，k 是当前子图的编号，","可以省略。子图的序号编排原则：左上方为第 1 幅，先向右后向下依次排列，子图彼此之间独立。

例 2 – 20 用 subplot( ) 函数画 4 个子图。

输入 MATLAB 程序如下：

```
>>x = 0:0.1:2 * pi;
>>subplot(2,2,1)       % 分割为 2 * 2 个子图,左上方为当前图
>>plot(x,sin(x))
>>subplot(2,2,2)       % 右上方为当前图
>>plot(x,cos(x))
>>subplot(2,2,3)       % 左下方为当前图
>>plot(x,sin(3 * x))
>>subplot(224)         % 右下方为当前图
>>plot(x,cos(3 * x))
```

运行结果

3. 同一窗口多次叠绘

为了在一个坐标系中增加新的图形对象，可以用 hold 命令保留原图形对象，其调用格式为

```
hold on                % 使当前坐标系和图形保留
hold off               % 使当前坐标系和图形不保留
hold                   % 在以上两个命令中切换
```

在设置了 hold on 命令后，如果画多个图形对象，则在生成新的图形时保留当前坐标系中已存在的图形对象，MATLAB 会根据新的图形的大小重新改变坐标系的比例。

例 2 – 21 在同一窗口画出函数 $\sin x$ 在区间 $[0, 2\pi]$ 的图形和 $\cos x$ 在区间 $[-\pi, \pi]$ 的图形。

输入 MATLAB 程序如下：

```
>>x1 = 0:0.1:2 * pi;
>>plot(x1,sin(x1))
```

运行结果

```
>>hold on
>>x2 = -pi:0.1:pi;
>>plot(x2,cos(x2))
```

4. 双纵坐标图

绘制双纵坐标图要使用 plotyy( ) 函数，其格式为

```
plotyy(x1,y1,x2,y2)        % 以左、右不同纵轴绘制两条曲线
```

左纵轴用（x1, y1）数据，右纵轴用（x2, y2）数据绘制两条曲线。该函数会自动以不同的颜色绘制两条曲线。

可用 plotyy( ) 函数在同一图形窗口绘制两条曲线，其格式为

```
plotyy(x1,sin(x1),x2,cos(x2))
```

例 2 - 22　用不同线段类型、颜色和数据点的标记类型画出 $\sin x$ 和 $\cos x$ 曲线。

输入 MATLAB 程序如下：

运行结果

```
>>x = 0:0.1:2 * pi;
>>plot(x,sin(x),'r - .')      % 用红色点画线画出曲线
>>hold on
>>plot(x,cos(x),'b:o')        % 用蓝色圆圈画出曲线,再用点画线连接
```

2.6.6　三维曲面的绘制

1. 产生三维数据

在 MATLAB 中，利用 meshgrid( ) 函数可以产生平面区域内的网格坐标矩阵。其调用格式为

```
x = a:d1:b; y = c:d2:d;
[X,Y] = meshgrid(x,y);
```

语句执行后，矩阵 X 的每一行都是向量 x，行数等于向量 y 的元素的个数，矩阵 Y 的每一列都是向量 y，列数等于向量 x 的元素的个数。

2. 绘制三维曲面的函数

绘制三维曲面的函数为 surf( ) 函数和 mesh( ) 函数，其调用格式分别为

```
mesh(x,y,z,c)
surf(x,y,z,c)
```

一般情况下，x、y、z 是维数相同的矩阵。x、y 是网格坐标矩阵，z 是网格点上的高度矩阵，c 用于指定在不同高度下的颜色范围。

例 2 - 23　绘制 $z = \sin(x + \sin(y)) - x/10$ 的三维曲面。

输入 MATLAB 程序如下：

运行结果

```
>>[x,y] = meshgrid(0:0.25:4 * pi);
>>z = sin(x + sin(y)) - x/10;
>>mesh(x,y,z);
>>axis([0 4 * pi 0 4 * pi -2.5 1]);
```

此外，MATLAB 中还有带等高线的三维网格曲面函数 meshc( ) 和带底座的三维网格曲面函数 meshz( )，其用法与 mesh( ) 函数类似，不同的是 meshc( ) 函数还在 xy 平面上绘制曲面在 z 轴方向

的等高线，meshz( )函数还在 xy 平面上绘制曲面的底座。

3. 绘制标准三维曲面的函数

绘制标准三维曲面要使用 sphere( )函数和 cylinder( )函数。

sphere( )函数主要绘制球面图，其调用格式为

```
[x,y,z] = sphere(n)
```

cylinder( )函数主要绘制柱面图，其调用格式为

```
[x,y,z] = cylinder(R,n)
```

MATLAB 中还有一个 peaks( )函数，称为多峰函数，常用于三维曲面的仿真。

例 2 – 24 绘制标准三维曲面。

输入 MATLAB 程序如下：

```
>> t = 0:pi/20:2 * pi;
>> [x,y,z] = cylinder(2 + sin(t),30);
>> subplot(2,2,1);
>> surf(x,y,z);
>> subplot(2,2,2);
>> [x,y,z] = sphere;
>> surf(x,y,z);
>> subplot(2,1,2);
>> [x,y,z] = peaks(30);
>> surf(x,y,z);
```

运行结果

习 题 2

2 – 1 绘制一条三维螺线：
$$\begin{cases} x = 2(\cos t + t\sin t) \\ y = 2(\sin t - t\cos t) \qquad (0 \leqslant t \leqslant 10\pi) \\ z = 1.5t \end{cases}$$

2 – 2 用简短的 MATLAB 命令计算并绘制在 $0 \leqslant x \leqslant 6$ 范围内的 $\sin 2x$ 曲线。

2 – 3 在 $[0, 2\pi]$ 区间内，绘制曲线 $y = 2\mathrm{e} - 0.5\cos(4\pi x)$。

2 – 4 构造一个 2×4 的全 1 矩阵。

第 3 章

MATLAB 基本编程

编写 MATALB 程序，首先要学会建立 M 文件，同时掌握基本程序语句结构。本章介绍 M 文件的编写和基本程序语句结构。

3.1　M 文件及其建立

M 文件是一个文本文件，可以使用任何编辑器建立和编辑，一般使用 MATLAB 提供的文本编辑器。

建立新的 M 文件，需要启动 MATLAB 文本编辑器，有以下 3 种方法：

（1）菜单命令。打开 MATLAB 主窗口菜单栏的 "File" 菜单，选择 "New" 选项，再执行 "M – file" 命令。

（2）工具按钮。单击主窗口工具栏中的 "New M – File" 按钮 □。

（3）命令操作。在主窗口的文本框中输入 "edit"，再按 < Enter > 键。

以上 3 种操作方法均可以打开 MATLAB 的文本编辑器。MATLAB 的文本编辑器如图 3 – 1 所示。

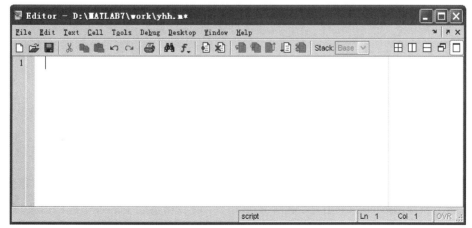

图 3 – 1　MATLAB 的文本编辑器

启动文本编辑器后，即可在窗口中输入语句编写 M 文件，编写完毕需要保存，执行窗口中"File"菜单中的"Save"或"Save As"命令，或者单击工具栏中的"Save"按钮 进行保存，默认文件名为"Untitled"。M 文件的扩展名为".m"，否则 MATLAB 系统无法识别。一般情况下，保存位置选择 MATLAB 默认的用户工作目录。

打开已有的 M 文件也有 3 种方法：

（1）单击菜单栏中的"Open"按钮。

（2）单击工具栏中的"Open File"按钮 。

（3）在主窗口文本框中输入"edit 文件名"。"edit"和"文件名"之间有空格，文件名中的扩展名可以默认。

以上 3 种操作方法均可打开指定的 M 文件。

M 文件有两种形式，分别是 M 命令文件和 M 函数文件。

3.1.1　M 命令文件

M 命令文件是由一组 MATLAB 命令集合而成的文件，这些命令通常用小写字母表示。用户只需把所要执行的命令按行编辑到指定的文件中，不需要预先定义变量。在 M 命令文件中可以直接使用工作空间的变量，同时在 M 命令文件中定义的变量在工作空间中能够看到。

例 3 - 1　编写一个 M 命令文件，绘制 $y = \sin x \cos x$ 的极坐标图。

输入 MATLAB 程序如下：

```
x = 0:2 * pi/180:2 * pi;
y1 = sin(x);
y2 = cos(x);
y = y1. * y2;
polar(x,y)
```

绘制的极坐标图

以"psincos. m"为文件名存入相应的"work"目录中。在命令窗口输入该文件的文件名，即调用该文件：

```
>> psincos
```

3.1.2　M 函数文件

M 函数文件和系统内置的函数，如 sqrt、abs、tan 等一样，可以随时调用。M 函数文件的标志是第一行为 function 语句，一般格式如下：

```
function [输出表] = 函数名(输入参数表)
% 注释说明部分
函数体
```

对于 M 函数文件有以下 5 点说明：

（1）M 函数文件的第一行必须以关键字 function 开头，表明该文件是 M 函数文件。

（2）函数名的命名规则与一般变量相同。

（3）输出表即函数的返回值。当返回值不止一个时，输出表中的各个返回值要以逗号隔开；当返回值只有一个时，方括号可以省略。输入参数表中有多个变量时要以逗号隔开。

（4）函数体是实现函数功能的主体部分，包括输入、赋值、输出、计算以及基本的程序语句控制等。

（5）文件中百分号"%"表明后面的内容为注释语句。若注释有多行，每一行都要以"%"开头。函数体本身也可以包含多个注释语句。

定义好的 M 函数文件保存之后，在命令窗口或其他文件中均可以调用。

例 3 - 2　编写一个 M 函数文件，计算矩形的面积。

输入 MATLAB 程序如下：

```
function s = sab(a,b)
a = input('please input length:a =');
b = input('please input width:b =');
disp('area of the rectangle:')
s = a * b;
```

以 "sab. m" 为文件名存入相应的 "work" 目录中。在命令窗口中调用该函数的格式为

```
>> sab(6,8)
```

运行结果为

```
area of the rectangle:
ans =
    48
```

函数在调用时可以嵌套使用，一个函数可以调用另一个函数，而且可以调用函数本身，即递归调用。

3.1.3　M 文件中的变量

在 M 命令文件和 M 函数文件中，要用到许多变量，它们有很大差别。M 命令文件中的变量是全局变量，M 函数文件中的变量是局部变量。M 命令文件中的全局变量在文件执行完成之后仍保留在工作空间中，而 M 函数文件中的局部变量只在 M 函数文件内部起作用，在函数值返回后会自动在工作空间中清除。在使用 M 函数文件时，只关心函数的输入和输出即可。如果 M 函数文件内部的某些变量需要在函数外部使用，则应通过 global 命令将其设置为全局变量，其具体格式为

```
global variales
```

其中，指定变量 variales 中的所有变量均为全局变量。

例如，在某 M 函数文件中输入下列语句：

```
global a
a = [11 3 7;5 2 9];
b = [1 0 1];
```

此时变量 a 为全局变量，变量 b 为局部变量。

3.2　基本程序语句结构

编写 MATLAB 程序时，经常会用到几种基本程序语句结构，它们分别是顺序语句、循环语句、条件语句及多分支选择语句。这些程序语句结构基本能够解决实际问题，但无论哪种程序语句结构都必须以 end 作为结束标志。

3.2.1 顺序语句

顺序语句是 MATLAB 程序设计中最简单的一种结构语句，由简单的赋值语句和函数组成，不包含任何控制语句，系统运行时从上至下依次执行各语句。一些简单的程序用顺序语句完全能够实现。

例如，在命令窗口中输入以下语句：

```
>>A ='Hello! ';
>>B ='欢迎使用 MATLAB 软件';
>>disp([A,B])
```

运行结果为

```
Hello! 欢迎使用 MATLAB 软件
```

又如，在命令窗口中输入以下语句：

```
>>a =4;
>>b =6;
>>c =8;
>>x =a +b
>>y =x * c
>>z =y / a
```

运行结果

3.2.2 循环语句

循环语句是按照预定条件重复执行指定的语句，由循环体和终止条件两部分组成。MATLAB 提供了两种循环语句，分别是 for – end 循环语句和 while – end 循环语句。

1. for – end 循环语句

for – end 循环语句是计数循环语句，循环的判断条件是有规律变化的循环次数。其一般格式为

```
for  i =m:l:n
     语句体
end
```

其中，"i = m：l：n"为循环变量；m 是循环变量的初值，l 是循环步长，n 是循环变量的终值。三者均可取正整数、负整数、小数。步长的默认值为 1 时，l 可省略。for – end 循环语句循环条件的初值、步长及终值一般放在循环的开头，语句体即循环体。

例 3 – 3 　编写一个 M 文件，计算从 1 加到自然数 n 的和。

输入 MATLAB 程序如下：

```
function s1n(n)
s =0;
for i =1:100
     s =s +i;
```

```
end
s
```

以"s1n. m"为文件名存入相应的"work"目录中。在 MATLAB 命令窗口调用该函数，并计算当 $n = 100$，$n = 1\ 000$ 时的函数值，即输入：

```
>>n =100;
>>s1n(n)
s =
    5050
>>s1n(1000)
s =
    500500
```

例 3－4 已知 $y = 1 + \dfrac{1}{3} + \dfrac{1}{5} + \cdots + \dfrac{1}{2n+1}$，计算当 $n = 100$ 时 y 的值。

输入 MATLAB 程序如下：

```
y =0;n =100;
for i =1:n
    y =y +1/(2 * i +1)
end
y
```

运行结果为

```
y =
    2.2893
```

注意：for – end 循环语句一定要以 end 作为结束标志，否则后面的部分会被认为是 for – end 循环语句之内的内容。

2. while – end 循环语句

while – end 循环语句是条件循环语句，当步长不一定时用此语句较为方便，其一般格式为

```
while   逻辑判断表达式
        语句体
end
```

其中，只要逻辑判断表达式的结果为真（非零），就反复执行语句体；若逻辑判断表达式的值总等于 1，则该循环为死循环，循环将无休止地进行。语句体即循环体。

例 3－5 用 while – end 循环语句实现从 1 加到 100 的计算。

输入 MATLAB 程序如下：

```
sum =0;
i =100;
while i >=1
    sum =sum +i;
    i =i -1;
end
sum
```

运行结果为

```
sum =
      5050
```

例 3 - 6　斐波那契数列元素满足规则：$f(1) = 1$，$f(2) = 1$，$f(n) = f(n-1) + f(n-2)$，$n >$ 2。求出该数列中第一个大于 1 000 的元素。

输入 MATLAB 程序如下：

```
a(1) = 1;a(2) = 1;m = 3;
while a(m) < = 1000
      a(m) = a(m - 1) + a(m - 2);
      m = m + 1;
end
m,a(m)
```

运行结果为

```
m =
      17
ans =
      1597
```

【注意】

while - end 循环语句也必须以 end 作为结束标志。

3. 循环的嵌套

循环的嵌套是指循环体中包含循环结构。for - end 和 while - end 循环体中都可以彼此包含循环语句。处于外部的循环为外循环，处于内部的循环为内循环。嵌套层数是任意的，可以是二重循环、三重循环等。

例 3 - 7　用 MATLAB 求下面数列的和：

$1^1 + 1^2 + 1^3 + \cdots + 1^{100} + 2^1 + 2^2 + 2^3 + \cdots + 2^{100} + \cdots + 5^1 + 5^2 + 5^3 + \cdots + 5^{100}$。

输入 MATLAB 程序如下：

```
s = 0;
for i = 1:5
      for j = 1:100
            s = s + i^j;
      end
end
s
```

运行结果为

```
s =
   9.8608e +069
```

例 3 - 8　用 for - end 循环语句列写矩阵 $A = \begin{pmatrix} 2 & 3 & 4 & 5 & 6 \\ 3 & 4 & 5 & 6 & 7 \\ 4 & 5 & 6 & 7 & 8 \\ 5 & 6 & 7 & 8 & 9 \\ 6 & 7 & 8 & 9 & 10 \end{pmatrix}$。

输入 MATLAB 程序如下：

```
m = 5;n = 5;
for i = 1:m
    for j = 1:n
        A(i,j) = i + j;
    end
end
A
```

运行结果

例 3 – 9 用 while – end 循环语句列写例 3 – 8 中的矩阵。

输入 MATLAB 程序如下：

```
m = 5;n = 5;i = 1;
while i < = m
    j = 1;
    while j < = n
        A(i,j) = i + j;
        j = j + 1;
    end
    i = i + 1;
end
disp(A)
```

运行结果

例 3 – 10 用 for – end 循环语句嵌套 while – end 循环语句列写例 3 – 8 中的矩阵。

输入 MATLAB 程序如下：

```
m = 5;n = 5;
for i = 1:m
    j = 1;
    while j < = n
        A(i,j) = i + j;
        j = j + 1;
    end
end
disp(A)
```

运行结果

例 3 – 11 用 for – end 循环语句嵌套实现 1 ~ 5 的乘法表。

输入 MATLAB 程序如下：

```
for i = 1:5
    for j = 1:i
        P(i,j) = i * j;
    end
end
disp(P)
```

运行结果

【注意】

无论使用 for – end 循环语句还是 while – end 循环语句，每一个循环语句都必须是完整的 for – end 循环或 while – end 循环。

3.2.3　条件语句

条件语句是根据给定的条件作出判断，分别执行不同的语句。MATLAB 提供两种条件语句，分别是 if 条件语句和 switch 条件语句。

if 条件语句也称为选择语句或分支语句，它有单选择 if – end 语句、双选择 if – else – end 语句和多选择 if – else – end 语句 3 种格式。

1. 单选择 if – end 语句

单选择 if – end 语句的一般结构为

```
if    逻辑判断表达式
      语句体

end
```

程序遇到 if，先判断 if 后的逻辑判断表达式，若结果为真，就执行语句体；否则，跳过语句体，执行 end 后面的命令。end 是程序的出口，必不可少。

例 3 – 12　编写一个 M 文件，其函数表达式为 $f(s) = \begin{cases} 3x^2 + 5, & x < 0 \\ 3x + 5, & x \geq 0 \end{cases}$。

输入 MATLAB 程序，其中"f. m"函数文件如下：

```
function f – f(x)
if x < 0
      f = 3 * x^2 + 5;
end
if x >= 0
      f = 3 * x + 5;
end
```

以"f. m"为文件名存入相应的"work"目录中。在 MATLAB 命令窗口调用该函数，并计算当 $x = -3$ 时的函数值：

```
>> f( -3)
ans =
      32
```

2. 双选择 if – else – end 语句

双选择 if – else – end 语句的一般格式为

```
if      逻辑判断表达式
        语句体 1
else
        语句体 2

end
```

程序遇到 if，先判断其后的逻辑判断表达式，若为真，则执行语句体 1；否则执行语句体 2。else 既为语句体 1 的出口，又为语句体 2 的入口。end 必不可少。

例3-13 给定两个实数，在屏幕上输出其中较小的值。

输入 MATLAB 程序如下：

```
a = input('enter a number,a =');
b = input('enter a number,b =');
if a < b
     min = a;
else
     min = b;
end
min
```

在命令窗口输入两个数，分别为9和6，则执行结果如下：

```
enter a number,a = 9
enter a number,b = 6
min =
     6
```

3. 多选择 if – else – end 语句

当有3个或以上选择时，可采用包含 else – if 结构的 if 条件语句，相当于 if 条件语句的嵌套，其一般格式为

```
if       逻辑判断表达式1
         语句体1
elseif   逻辑判断表达式2
         语句体2
elseif   逻辑判断表达式3
         语句体3
            ⋮
elseif   逻辑判断表达式n
         语句体n
else
         语句体n+1
end
```

程序运行时，先判断逻辑判断表达式1，若为真，则执行语句体1，然后执行 end 后面的命令；若逻辑判断表达式1为假，则直接判断逻辑判断表达式2，若其为真，则执行语句体2；若逻辑判断表达式2为假，则直接判断逻辑判断表达式3，如此执行下去，直到最后，若所有逻辑判断表达式均为假，则直接执行 else 后面的语句体n+1。

例3-14 有一分段函数，表达式为 $f(x)=\begin{cases} x^2, & x<0 \\ 2-3x, & 0\le x<1 \\ \sin 2x, & 1\le x<5 \\ e^{2x}, & x\ge 5 \end{cases}$，要求编写一个 M 文件，并计算当 $x=1.3$、3、7、11 时的函数值。

输入 MATLAB 程序，其中"fx. m"函数文件如下：

```
function fx = fx(x)
```

```
if x < 0
      f = x^2
elseif x >= 0 & x < 1
              f = 2 - 3 * x
elseif x >= 1 & x < 5
              f = sin(2 * x)
else
      f = exp(2 * x)
end
```

以 "fx. m" 为文件名存入相应的 "work" 目录中。在 MATLAB 命令窗口调用该函数，并计算当自变量分别为 1.3、3、7、11 时的函数值，计算结果如下：

```
>> fx(1.3)
f =
    0.5155
>> fx(3)
f =
    -0.2794
>> fx(7)
f =
    1.2026e+006
>> fx(11)
f =
    3.5849e+009
```

4. if 条件语句的嵌套

if 条件语句的嵌套是指在 if 条件语句中包含一个或多个 if 条件语句。

例 3-15 将例 3-14 中函数用 if 条件语句的嵌套来实现。

输入 MATLAB 程序如下：

```
function yx = yx(x)
if x >= 0
    if x >= 1
        if x >= 5
                y = exp(2 * x)
        else
                y = sin(2 * x)
        end
    else
        y = 2 - 3 * x
    end
else
    y = x^2
end
```

以"yx. m"为文件名存入相应的"work"目录中。在 MATLAB 命令窗口调用该函数，并计算当自变量分别为 1.3、3、7、11 时的函数值，计算结果如下：

```
>>yx(1.3)
y =
   0.5155
>>yx(3)
y =
  -0.2794
>>yx(7)
y =
  1.2026e+006
>>yx(11)
y =
  3.5849e+009
```

for-end、while-end 循环语句和 if 条件语句之间均可以相互嵌套。

3.2.4 多分支选择语句

如果分支较多，则 if 条件语句的嵌套层数太多，显得程序烦琐，如前面例题中的 if 条件语句的嵌套。switch 语句可以简洁地对多个条件进行判断，实现多分支结构，其条件用 case 控制，实现分支结构 switch 语句。case 为开关控制，所以 switch 语句也称为开关语句。switch 语句的一般格式为

```
switch     表达式
case       表达式1
           语句体1
case       表达式2
           语句体2
             ⋮
case       表达式n
           语句体n
otherwise
           语句体n+1
end
```

程序运行时先计算表达式的值，当表达式的值等于某个 case 语句后面的表达式的值时，就执行该 case 后面的语句体，然后直接跳转到 end 后面的命令；当表达式的值不等于任何一个 case 后面的表达式的值时，程序将执行 otherwise 后的语句体 n+1。

例 3-16　某一运动员近期一周的练习安排为：周一跳跃练习，周二专项练习，周三力量练习，周四速度练习，周五能力练习，周六和周日慢跑及放松运动。请为该运动员制定一个练习安排的程序。

输入 MATLAB 程序如下：

```
c = input('请输入一个 7 以内的正整数:')
switch c
```

```
case 1
      disp('跳跃练习')
case 2
      disp('专项练习')
case 3
      disp('力量练习')
case 4
      disp('速度训练')
case 5
      disp('能力训练')
otherwise
      disp('慢跑及放松运动')
end
```

随即会在窗口中返回以下内容：

请输入一个 7 以内的正整数：

若用从键盘输入"2"，再按 < Enter > 键，则返回值为

```
c =
     2
专项练习
```

重新激活程序，从键盘输入"6"，再按 < Enter > 键，则返回值为

```
c =
     6
慢跑及放松运动
```

习 题 3

3 - 1 编写一个 M 文件，输入 15 个数，实现输出其中的最大数和最小数的功能。

3 - 2 编写一个 M 文件，实现计算一个正整数的阶乘的功能。

3 - 3 编写 M 文件，实现根据输入的半径计算圆的面积、球的体积的功能。

3 - 4 编写一个求解一元二次方程 $ax^2 + bx + c = 0$ 的根的程序。

3 - 5 通过键盘输入 20 个数，要求用 while – end 循环语句计算这些数的和及其平均值。

3 - 6 求满足 $\sum_{i=1} i > 1\,000$ 的最小值。

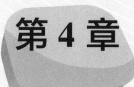

第4章

Simulink 仿真模块

4.1 Simulink 模型简介

Simulink 是 MATLAB 环境下对动态系统进行建模、仿真和分析的一个软件包。Simulink 提供了图形化的用户界面，用户可以调用现成的图形模块，并将这些模块适当地连接起来构成系统模型，对其进行仿真，并可以随时干预仿真过程和观察仿真结果。Simulink 降低了系统仿真的难度，帮助用户更容易地完成仿真工作。

4.1.1 Simulink 的特点

1. 图形化的建模方式

Simulink 提供了一种图形化的建模方式，即用丰富的模块库帮助用户轻松建立动态系统的模型。用户只需要知道这些模块的输入、输出及实现的功能，就能通过对模块的调用、连接构成所需系统的模型。另外，利用 Simulink 图形化的环境及丰富的功能模块，用户可以创建层次化的系统模型。

2. 交互式的仿真环境

用户可以利用 Simulink 中的菜单或者在命令窗口输入命令对模型进行仿真。菜单方式对于交互工作特别方便，而命令行方式对大量重复仿真很有用。

Simulink 内置很多仿真分析工具。仿真结果可以以图形的形式显示，也可以将输出结果以变量的方式保存起来，并输入 MATLAB 中，让用户观察系统的输出结果并作进一步的分析。

3. 专用模块库

Simulink 提供了许多专用模块库，如数字信号处理模块库（DSP Blocksets）等。利用这些专用模块库，Simulink 可以方便地进行 DSP 及通信系统的仿真分析和原型设计。

4. 与 MATLAB 的集成

Simulink 是 MATLAB 提供的对动态系统进行建模、仿真和分析的一个集成软件包，是 MAT-

LAB 的重要组成部分。Simulink 的主要功能包括 Simu（仿真）和 Link（连接），因此用户可以在这两种环境中对模型进行仿真、分析和修改。

4.1.2 Simulink 的启动和退出

1. Simulink 的启动

Simulink 是基于 MATLAB 的图形化仿真平台，启动 Simulink 之前必须运行 MATLAB，并设置当前目录，以便将创建的 Simulink 模型与 MATLAB 函数保存在该目录中，同时在 MATLAB 命令窗口中输入 "pathtool" 来修改搜索路径，使 Simulink 仿真时能够找到调用的 MATLAB 函数。Simulink 启动界面如图 4 – 1 所示。在 MATLAB 中启动 Simulink 有以下两种方式：

（1）单击工具栏中的图标 ，弹出名为 "Simulink Library Browser" 的浏览器。

（2）在 MATLAB 命令窗口中输入 "Simulink"，弹出名为 "Simulink Library Browser" 的浏览器。

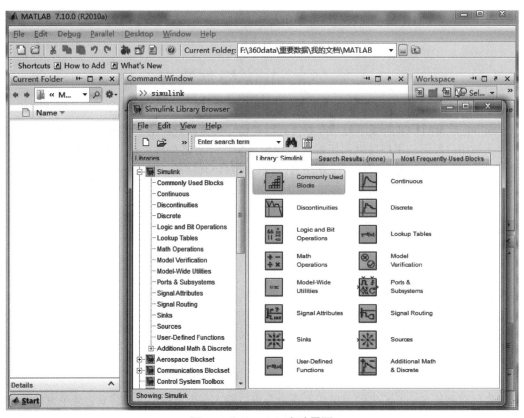

图 4 – 1 Simulink 启动界面

"Simulink Library Browser" 浏览器以树形列表形式列出了当前 MATLAB 系统中已经安装的 Simulink 模块，这些模块包含 Simulink 模块库中的各种模块、Toolsbox（工具箱）和 Blockset（模块组建）。打开树形列表，单击打开所需要的模块选项，列表窗口的上方会显示所选的模块信息，也可以在 "Simulink Library Browser" 浏览器窗口的输入栏中直接输入模块名称，然后单击 "Find block" 按钮进行查询。如果输入的模块不存在，系统会弹出提示对话框。模块查找界面如图 4 – 2 所示。

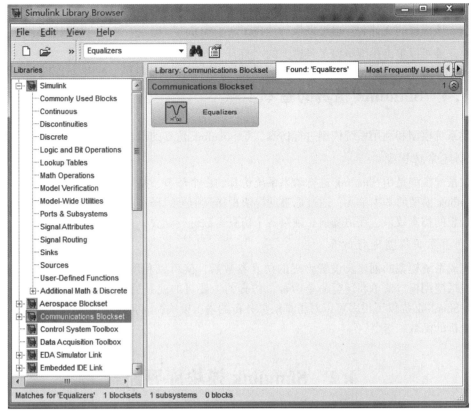

图 4 – 2　模块查找界面

2. Simulink 的退出

只要关闭所有的模型窗口和 Simulink 模块库窗口就可以退出 Simulink。

4.1.3　模型的创建

在创建新模型时，单击"Simulink Library Browser"浏览器上方工具栏中的"建立新模型"图标，或者选择"File"→"New"→"Mode"选项，均会弹出"untitled"窗口，所有控制模块都创建在这个窗口中，如图 4 – 3 所示。

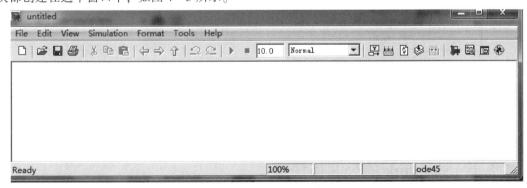

图 4 – 3　"untitled"窗口

如果要对一个已经存在的模块文件进行编辑修改，需要打开该模块文件，可以在命令窗口中直接输入该模块的文件名；也可以执行"File"→"Open"命令，然后选择或输入将要编辑模型的名称；还可以单击模型窗口工具栏上的"打开"按钮 📂 。

4.1.4 Simulink 仿真的基本步骤

创建系统模型和利用系统模型进行仿真，是 Simulink 仿真的两个最基本的步骤。

1. 创建系统模型

创建系统模型是用 Simulink 进行动态系统仿真的一个环节，是进行系统仿真的前提。模块是创建 Simulink 模型的基本单元，通过适当的模块操作及信号线操作就能完成系统模型的创建。为了达到理想的仿真效果，在仿真前必须对各个仿真参数进行配置。

2. 利用系统模型进行仿真

在完成系统模型的创建及设置合理的仿真参数后，就可以利用系统模型进行仿真了。仿真的方法包括使用窗口菜单和运行命令两种，仿真的主要目的就是通过创建系统模型得到某种计算结果。Simulink 提供了很多可以对仿真结果分析的输出模块，而且在 MATLAB 中也有丰富的用于结果分析的函数和指令。

4.2 Simulink 模块库界面

为了方便用户快速构建所需的动态系统，Simulink 提供了大量的以图形形式给出的内置系统模块，使用这些内置系统模块可以快速方便地设计出特定的动态系统。图 4-4 所示是 Simulink 模块库界面。由该图可以看出 Simulink 内置模块库包含公共模块库和专业模块库两种。

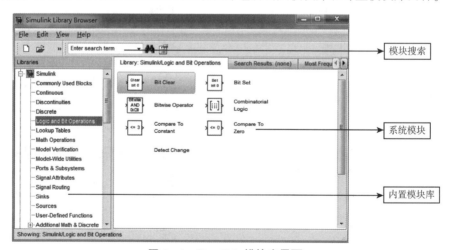

图 4-4　Simulink 模块库界面

4.2.1 Simulink 的公共模块库

Simulink 的公共模块库是 Simulink 中最常用的模块库，可以应用于不同专业，包括 16 个子模块库，分别是 Commonly Used Blocks（常用模块库）、Continuous（连续系统模块库）、Disconti-nuities（不连续环节）、Discrete（离散系统模块库）、Logic and Bit Operations（逻辑及位操作库）、Lookup Tables（查表库）、Math Operations（数学运算模块库）、Model Verification（模型检验）、Model – wide Utilities（模型扩充模块库）、Ports & Subsystems（信号口与子系统）、Signal Attributes（信号特性库）、Signal Routing（信号路由模块库）、Sinks（输出模块库）、Sources（信号源模块库）、User – Defined Functions（用户自定义函数库）和 Additional Math & Discrete（其他数学离散模块库）。4.3 节将对部分模块进行介绍。

4.2.2　Simulink 的专业模块库

除了公共模块库外，Simulink 还集成了许多面向不同专业的专业模块库，不同领域的系统设计师可以使用这些系统模块快速构建系统模型，然后在此基础上进行系统的仿真、分析，从而完成设计任务。下面介绍几种系统设计师可能用到的专业模块库及其主要功能。

1. 航空航天模块库

航空航天模块库（Aerospace Blocksets）主要提供航空航天设计师常用的执行机构模块、空气动力模块、动画模块、环境仿真模块、三六自由度运动方程模块、风场和大气重力等环境模块、各种控制器模块、涡扇发动机模块以及坐标和单位转换模块等。

2. 控制系统工具箱

控制系统工具箱（Control System Toolbox）面向控制系统的设计和分析，主要提供线性时不变系统模块。

3. 数字信号处理模块库

数字信号处理模块库（DSP Blocksets）是面向数字信号处理系统的设计和分析，主要提供 DSP 输入/输出模块、信号预测与估计模块、滤波器模块、DSP 数学函数库、量化器模块、信号管理模块、信号操作模块、统计模块和信号变换模块等的模块库。

4. Simulink 附加模块库

Simulink 附加模块库（Simulink Extras）是对 Simulink 公共模块库的补充，提供了附加离散系统模块库、附加连续系统模块库、附加输出模块库、触发器模块库、线性化模块库和转换模块库。

5. S 函数示例模块库

S 函数示例模块库（S – function Demos）提供了 C + + 、C、FORTRAN 以及 M 文件下的 S 函数模块库的演示模块。

6. 实时工作间、实时工作间嵌入式编码器及实时目标模块库

实时工作间、实时工作间嵌入式编码器及实时目标模块库（Real – Time Workshop、Real – Time Workshop Embedded Coder and Real – Time Windows Target）提供了各种用来进行独立可执行代码或嵌入式代码生成，以实现高效实时仿真的模块。它们和 RTW、TLC 有着密切的关系。

7. 状态流模块库

状态流模块库（Stateflow）主要对使用状态图所表达的有限状态机模型进行建模仿真和代码生成，有限状态机模型可以用来描述基于事件的控制逻辑，也可以用于描述响应型系统。

8. 通信模块库

通信模块库（Communication Blocksets）提供了专用于通信系统仿真的一组模块。

9. 图形仪表模块库

图形仪表模块库（Gauges Blocksets）实际上是一组 ActiveX 控件。

10. 神经网络模块库

神经网络模块库（Neural Network Blocksets）提供了用于神经网络的分析、设计和实现的一组模块。

11. 模糊控制工具箱

模糊控制工具箱（Fuzzy Logic Toolbox）提供了用于模糊控制的分析、设计和实现的一组模块。

12. 虚拟现实工具箱

虚拟现实工具箱（Virtual Reality Toolbox）提供了进行虚拟现实仿真分析的各种工具，包括输入、输出和信号扩展器等。

13. xPC 模块库

xPC 模块库提供了一组用于 xPC 仿真的模块。xPC 可以利用 PC，使用客户机/服务器的模式进行实时仿真，也可以和 Simulink、RTW 相结合，在 PC 上进行单任务的实时仿真。

4.3 Simulink 基本模块

在 Simulink 选项上右击，再选择"Open the Simulink Labray"选项，可以打开 Simulink 模块库窗口，如图 4 – 5 所示。

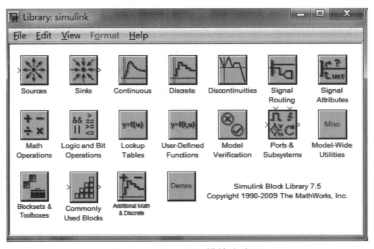

图 4 – 5 Simulink 模块库窗口

创建仿真模型时，只要单击其中的子模块库图标，将其打开，并找到仿真所需要的模块，直接拖动到模型窗口即可。

Simulink 基本模块有连续系统模块、离散系统模块、输出模块、信号源模块和数学运算模块。

1. 连续系统模块库

连续系统模块库（Continuous）提供了积分、微分等连续系统仿真的常用模块，如图 4 – 6 所示。

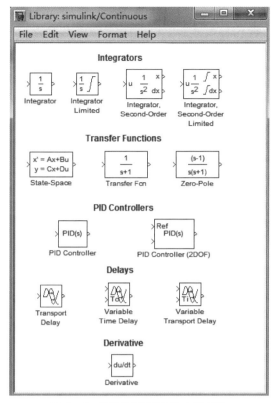

图 4 - 6 连续系统模块库中的模块

连续系统模块库中模块的主要功能如表 4 - 1 所示。

表 4 - 1 连续系统模块库中模块的主要功能

模块	功能	模块	功能
Integrator	积分	PID Controller	比例积分微分控制器
State - Space	状态方程	Transport Delay	传输延迟
Transfer Fcn	传递函数	Variable Time Delay	可变时间延迟
Zero - Pole	零极点	Variable Transport Delay	可变传输延迟
Derivative	微分	Integrator Second - Order Limited	二阶有限积分器

2. 离散系统模块库

离散系统模块库（Discrete）提供了滤波器、传递函数等离散系统仿真模块，如图 4 - 7 所示。

离散系统模块库中模块的主要功能如表 4 - 2 所示。

表 4 - 2 离散系统模块库中模块的主要功能

模块	功能	模块	功能
Zero - Order Hold	零阶保持器	Discrete - Time Integrator	比例积分微分控制器
Unit Delay	单位延迟采样保持	Discrete Transfer Fcn	离散传递函数
Discrete Filter	离散滤波器	Discrete Zero - Pole	离散零极点
Discrete State - Space	离散状态方程	First - Order Hold	一阶保持器

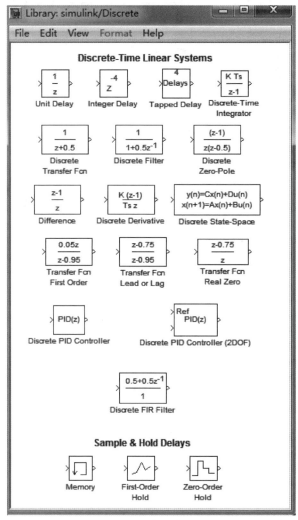

图 4 - 7　离散系统模块库中的模块

3. 输出模块库

输出模块库（Sinks）中的模块也可称为接收模块，用于显示仿真结果或输出仿真数据，如图 4 - 8 所示。

输出模块库中模块的主要功能如表 4 - 3 所示。

表 4 - 3　输出模块库中模块的主要功能

模块	功能	模块	功能
Out1	创建输出端	Scope	示波器
Terminator	通用终端	Floating Scope	可选示波器
To File	输出到文件	XY Graph	XY 关系图
To Workspace	输出到工作空间	Stop Simulation	输出不为 0 时停止仿真

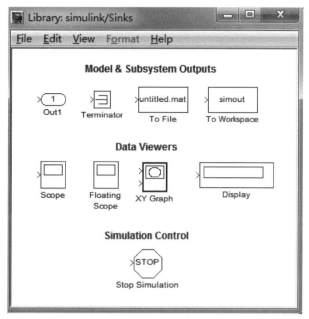

图4-8　输出模块库中的模块

4. 信号源模块库

信号源模块库（Sources）中的模块也称为输入源模块，可以提供仿真所需要的信号，如图4-9所示。

信号源模块库中模块的主要功能如表4-4所示。

表4-4　信号源模块库中模块的主要功能

模块	功能	模块	功能
In1	创建输入端	Ground	接地
Constant	常数	Clock	当前时间
Signal Generator	信号发生器	Digital Clock	数字时钟
Ramp	斜坡	From File	从文件读数据
Sine Wave	正弦波	From Workspace	从工作空间读数据
Step	阶跃信号	Random Number	随机信号
Repeating Sequence	重复序列	Uniform Random Number	均匀随机信号
Pulse Generator	脉冲发生器	Band - Limited White Noise	限带白噪声
Chirp Signal	快速正弦扫描	—	—

5. 数学运算模块库

数学运算模块库（Math Operations）提供了基本数学运算函数、三角函数、复数运算函数以及矩阵运算函数等模块，如图4-10所示。

数学运算模块库中模块的主要功能如表4-5所示。

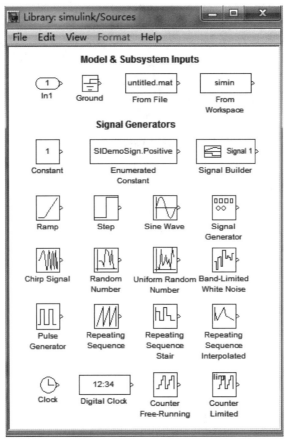

图4-9　信号源模块库中的模块

表4-5　数学运算模块库中模块的主要功能

模块	功能	模块	功能
Sum	求和	Rounding Function	取整函数
Product	积或商	Combinatorial Logic	逻辑真值表
Dot Product	点积	Logic Operator	逻辑算子
Gain	常数增益	Bitwise Logic Operator	位逻辑算子
Matrix Gain	矩阵增益	Relational Operator	关系算子
Slider Gain	可变增益	Complex to Magnitude – Angle	复数的模和辐角
Math Function	数学运算函数	Magnitude – Angle to Complex	模和辐角合成函数
Trigonometric Function	三角函数	Complex to Real – Imag	复数的实部和虚部
MinMax	求最大值	Real – Imag to Complex	实部和虚部合成复数
Abs	求绝对值	Algebraic Constraint	强迫输入信号为零
Sign	符号函数	—	—

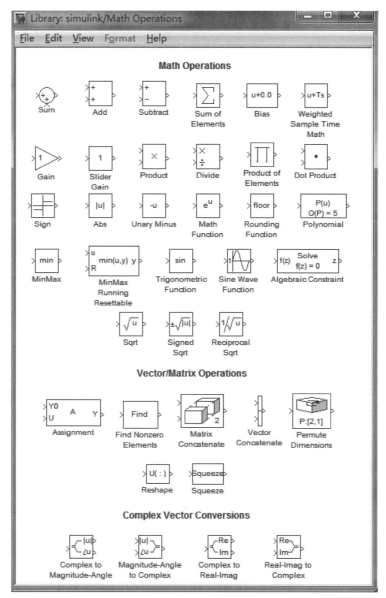

图 4-10　数学运算模块库

4.4　Simulink 模型的构建

4.4.1　Simulink 库浏览器的基本操作

在构建模型的过程中，通过单击模块库的名称可以查看模块库中的模块，模块库中的模块会显示在 Simulink 库浏览器右边的一栏中。对 Simulink 库浏览器的基本操作主要包括以下 3 点：

（1）单击模块库，则会在 Simulink 库浏览器右边的一栏中显示该库中的所有模块；

（2）单击系统模块，则会在模块描述栏中显示该模块的功能描述；

（3）右击系统模块，可以得到该模块的帮助信息，将模块拖进系统模型中，可以查看模块参数设置。

4.4.2　模块的基本操作

1. 模块选择

假设用户需要将正弦信号通过信号显示器显示，这时就需要两个模块：由信号源模块库中的 Sine Wave 模块产生正弦信号，同时用输出模块库中的 Scope 模块显示结果。

启动 Simulink 并新建一个系统模型文件。选择上面提到的两个模块，将其拖到新建的系统模型中，如图 4 - 11 所示。

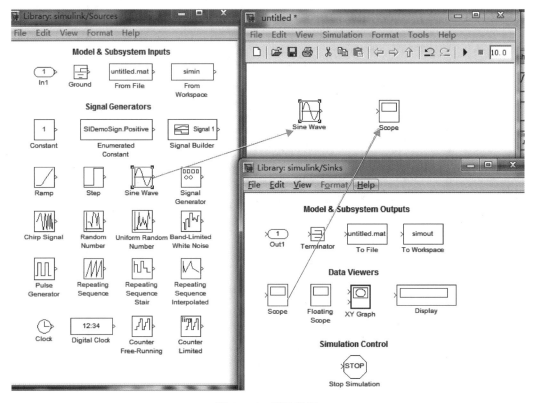

图 4 - 11　模块选择

2. 模块连接

选择好构建系统所需的模块后，需要按照系统的信号流程将各个模块正确连接。将光标移至起始块的输出端口，此时光标变成"＋"，按下鼠标左键并拖动到目标模块的输入端口，在接近一定程度时光标变成双"＋"，此时松开鼠标即可。完成后在连接点处出现一个箭头，表示系统中信号的流向，如图 4 - 12 所示。

3. 模块复制

如果需要几个相同的模块，可以使用 3 种方法进行复制，如图 4 - 13 所示。

（1）右击并拖动该模块。

（2）选中所需模块后，执行"Edit"菜单中的"Copy"和"Paste"命令。

（3）使用快捷键 < Ctrl + C > 和 < Ctrl + V > 。

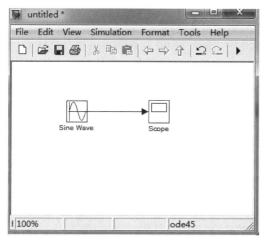

图 4 - 12　模块连接

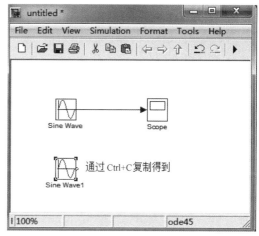

图 4 - 13　模块复制

4. 模块移动

选中需要移动的模块，按下左键将模块拖至合适的位置即可实现模块移动。需要说明的是，模块移动时，与之相连的连线也随之移动；在不同模型窗口之间移动模块时，需要同时按下 Shift 键。

5. 模块删除

模块删除的方法：选中需要删除的模块后，按 < Delete > 键；采用剪切的方法也可完成模块删除。

6. 模块旋转

在构建仿真模块时，系统的信号并非都是从左到右的，因此模块不能总处于默认的输入端在左、输出端在右的状态。在选中需要旋转的模块后，有以下两种方法可以旋转模块：

（1）使用 < Ctrl + R > 快捷键；

（2）执行"Format"菜单中的"Flip Block"命令可将模块旋转180°，执行"Format"菜单中的"Rotate Block"命令可将模块旋转90°。

7. 模块名的操作

模块名的操作有修改模块名、设置模块名字体、改变模块名的位置和隐藏模块名。

（1）修改模块名。单击模块名，原模块名四周会出现一个编辑文本框，此时可对模块名进行修改。修改完毕后，将光标移出该编辑文本框，单击即结束修改。

（2）设置模块名字体。执行"Format"菜单中的"font"命令，打开字体设置对话框进行设置。

（3）改变模块名的位置。选中模块后，执行"Format"菜单中的"Flip Name"命令，可将模块名移至对侧或利用鼠标拖动模块名编辑文本框移至对侧。

（4）隐藏模块名。选中模块后，执行"Format"菜单中的"Hide Name"命令，同时，菜单也变为"Show Name"。

8. 模块的阴影效果

执行"Format"菜单中的"Show Drop Shadow"命令可以给选定的模块加上阴影效果。

9. 模块颜色的改变

右击模块，执行"Foreground Color"或"Background Color"命令设置颜色，或者执行"Format"菜单中的相应命令设置颜色。如果模块的前景色发生变化，则所有由此模块引出的信号线的颜色也随之发生改变。

10. 模块插入

假设用户需要将输入信号放大后显示，此时需要在连接的两个模块之间插入一个放大环节。用户只需将所需模块移到连接线上即可完成插入工作，如图 4-14 所示。

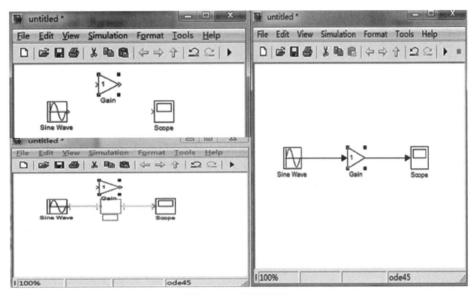

图 4-14　模块插入

4.4.3　模块参数和属性的设置

1. 模块参数的设置

Simulink 中几乎所有模块的参数都允许用户进行设置，双击要设置参数的模块就可以打开参数设置对话框，不同模块的参数设置对话框的项目不同。例如信号源模块库的 Step 模块参数对话框如图 4-15 所示。

对话框分为两部分，上面一部分是模块功能说明，下面一部分用来进行模块参数设置。同样在模型窗口的菜单栏上选择"Edit"→"Step Parameters"选项，也可以打开模块参数设置对话框。

2. 模块属性的设置

不同于参数设置对话框，所有模块的属性（Properties）设置对话框都是一样的。选定要设置属性的模块，然后选择"Edit"→"Block Properties…"选项；或右击，在弹出的快捷菜单中执行"Block Properties…"命令，将得到图 4-16 所示的模块属性设置对话框。

图 4 - 15　模块参数设置对话框　　　　　　图 4 - 16　模块属性设置对话框

该对话框有 3 个选项卡，分别是"General"（通用）、"Block Annotation"（模块注释）和
"Callbacks"（回调函数）。

对话框中有"Description""Priority"和"Tag"文本框，其功能如下：

（1）Description（说明）：对该模块在模型中的用法进行说明。

（2）Priority（优先性）：规定该模块在模型中相对于其他模块的优先顺序，优先级的数值必
须是整数（可以是负数），数值越小，优先级越高。

（3）Tag（标记）：用户为模块添加文本格式的标记。

4.5　Simulink 仿真参数的设置

在仿真系统设计过程中，事先必须对仿真算法、输出模式等各种模型参数进行设置，可以在
模型窗口中通过菜单命令进行设置。选择模型窗口"Simulation"→"Configuration Parameters…"
选项，将出现仿真参数设置窗口，如图 4 - 17 所示。

仿真参数设置窗口主要分为 8 个选项，分别是"Solver"（解题器）、"Data Import/Export"
（数据输入/ 输出）、"Optimization"（优化）、"Diagnostics"（诊断）、"Hardware Implementation"
（硬件工具）、"Model Referencing"（模型引用）、"Simulation Target"（仿真目标）和"Real -
Time Workshop"（实时工作空间），其中"Solver""Data Import/ Export"和"Diagnostics"3 项经
常用到。

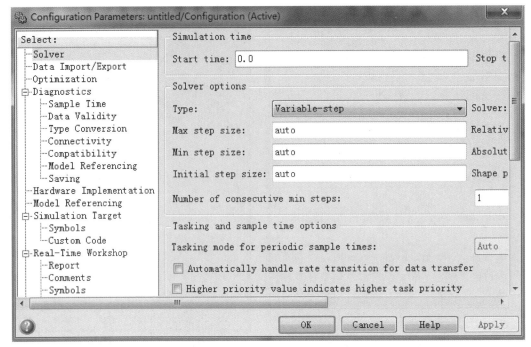

图 4 - 17   仿真参数设置窗口

4.5.1   "Solver" 选项

打开仿真模型窗口，在"Solver"选项界面设置参数。

1. Simulation time

在"Simulink time"设置仿真起始时间和终止时间。在"Start Time"和"Stop Time"两个编辑框内直接输入数值，时间单位是秒。但要注意，这里的时间只是计算对时间的一种表示，执行一次仿真所需的时间依赖很多因素，包括计算机的时钟频率、模型的复杂程度、解题器及其步长等。

2. Solver options

在"Solver options"区域进行仿真解题器的操作。仿真解题器根据类型（Type）分为 Variable - step（变步长算法）和 Fixed - step（固定步长算法）。

1）变步长算法

变步长算法是指在仿真过程中要根据误差自适应地改变步长。在采用变步长算法时，首先应该制定解题器，一般设置为"ode45"，即四/五阶龙格 - 库塔算法，对多数问题而言这是最好的解题器；其次要设置允许的误差极限，包括相对误差极限和绝对误差极限，当计算过程中的误差超过误差极限时，系统将自动调整步长，步长的大小将决定仿真的精度；最后根据需要还可以设置最大步长、最小步长和初始步长，在默认情况下，系统所给的最大步长 =（终止时间 - 起始时间)/50。在一般情况下，系统给定的步长已经足够，但如果用户所进行的仿真时间过长，则默认步长值会非常大，有可能出现失真，这时应根据需要设置步长。

2）固定步长算法

固定步长算法是指在仿真过程中步长不变。在采用固定步长算法时，要先设置固定步长。由于固定步长的值不变，所以此时不能设定误差极限，而多了一个模型采样次数的选项，该选项包括多任务、单任务和默认值。多任务指在模型中各个模块具有不同的采样速率，系统同时检测模块之间采样速率的传递关系；单任务是指各模块的采样速率相同，系统不检测采样速率的传递关系；默认值则根据模块的采样速率是否相同决定采用单任务还是多任务。

变步长和固定步长都是解题器的模式，这两种模式有多种不同算法。一般对于离散系统，要选择 Discrete 算法；而对于连续系统，则选择 ode 系列算法。ode 系列算法基于龙格-库塔算法，算法采用的阶数越高，计算越精确，但速度越慢。

4.5.2 "Data Import/Export" 选项

"Data Import/Export" 选项主要用来设置 Simulink 与 MATLAB 工作空间交换数据的有关选项，该选项界面包括 "Load from workspace" "Save to workspace" 和 "Save options" 3 个区域，如图 4-18 所示。

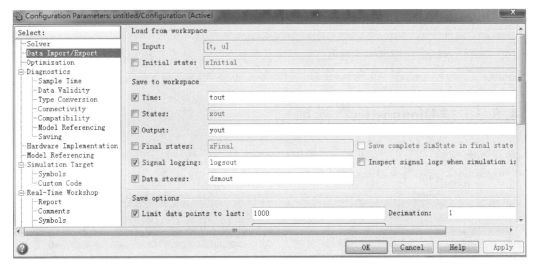

图 4-18 "Data Import/ Export" 选项界面

1. Load from workspace

在 "Load from workspace" 区域从工作空间中载入数据。在仿真过程中，如果模型中有输入端口，则可从工作空间直接把数据载入输入端口。该区域包括 "Input" 和 "Initial state" 两个编辑框。

（1）Input。先勾选 "Input" 复选框，在后面的编辑框内输入数据的变量名。变量名的输入形式有数据、结构和带有时间的结构 3 种，默认的表示方法为数组（t, u），t 是一维时间列向量、u 是和 t 长度相等的 n 维列向量（n 表示输入端口的数量），用来表示模块端口状态值。

（2）Initial state。其表示模块的初始状态。对模块进行初始化时，先勾选 "Initial state" 复选框，然后在后面的编辑框中输入初始数据的变量名和值，数据个数必须和状态模块数相同。

2. Save to workspace

在 "Save to workspace" 区域将输出保存到工作空间。在 "Save to workspace" 区域可以选择的输出选项有 "Time"（时间）、"States"（状态）、"Output"（输出端口）和 "Final states"（最

终状态）。

（1）Time（时间）：将仿真过程的采样时间点输出到工作空间的某个变量，变量名由用户决定。

（2）States（状态）：把模块在各个采样点的状态输出到某个工作空间变量。

（3）Output（输出端口）：与"States"相似，但只能输出模型端口的数据，如果模型中没有输出端口，则"Output"不能有输出。

（4）Final states（最终状态）：只输出每个模块的最终状态。

3. Save options

在"Save options"区域进行保存操作。对于同样的模型，在输入信号相同的情况下，选择不同的输出保存方式可以产生不同的效果。保存操作包括"Format" "Limit data points to last" "Decimation"和"Output options"。

（1）Format：可以选择数组、结构和包含时间的结构3种形式。

（2）Limit data points to last：用来限定保存到工作空间中的数据量。

（3）Decimation：从几个数据中抽取一个数据输出，如在编辑框内输入"3"，则表示输出数据时，每3个数据中取一个，也就是每隔两个数据取一个数据。

（4）Output options：输出操作设置，为变步长算法独有。其有3种输出方式，分别是"Refine Output" "Produce additional output"和"Produce specified output only"。

4.5.3 "Diagnostics"选项

在"Diagnostics"选项界面主要设置系统对一些事件或仿真过程中可能遇到的情况作出的反应。"Diagnostics"选项界面如图4-19所示。

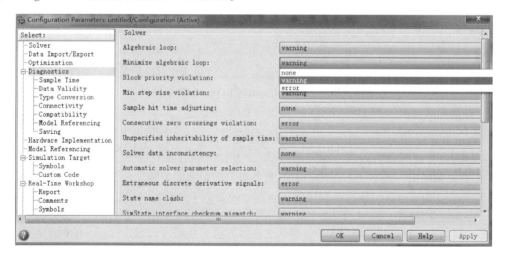

图4-19 "Diagnostics"选项界面

在该选项界面的中间列出了仿真过程中可能出现的一些事件，用户可以在相应事件右边的下拉列表中根据需要选择系统的反应（即采取的操作）。反应的类型有以下3种：

（1）none：不作任何反应，不影响程序的运行。

（2）warning：显示警告信息，不影响程序的运行。

（3）error：显示错误信息，中止程序的运行。

4.5.4 运行仿真

完成系统模型的构建、模块参数设置和仿真参数设置后，即可进行系统仿真。单击模型文件工具栏上的"Start Simulation"图标 ▶ 或通过执行"Simulation"菜单中的"Start"命令来启动仿真。

例 4 – 1 汽车行驶控制系统是应用很广泛的控制系统之一，目的是对汽车速度进行合理的控制。它是一个典型的反馈控制系统，其工作原理是：使用汽车速度操纵机构的位置变化量设置汽车的指定速度，操纵机构的不同位置对应不同的速度；测量汽车的当前速度，求它与指定速度的差值；由差值信号产生控制信号驱动汽车产生相应的牵引力以改变并控制汽车速度直至达到指定速度。

汽车行驶控制系统包含以下 3 部分机构：

第一部分是速度操纵机构的位置变换器。位置变换器是汽车行驶控制系统的输入装置，其作用是将速度操纵机构的位置转换为相应的速度，速度操纵机构的位置和指定速度间的关系为 $v = 50x + 45$，$x \in [0, 1]$，其中 x 为速度操纵机构的位置，v 是计算所得的指定速度。

第二部分是离散 PID 控制器。离散 PID 控制器是汽车行驶控制系统的核心部分，其作用是根据汽车当前速度与指定速度的差值产生相应的牵引力。其数学模型为

积分环节：$\quad x(n) = x(n-1) + u(n)$

微分环节：$\quad d(n) = u(n) - u(n-1)$

系统输出：$\quad y(n) = Pu(n) + Ix(n) + Dd(n)$

其中 $u(n)$ 是离散 PID 控制器的输入，是汽车当前速度与指定速度的差值。$y(n)$ 是离散 PID 控制器的输出，即汽车的牵引力，$x(n)$ 是离散 PID 控制器中的状态量。P、I 和 D 分别是离散 PID 控制器的比例、积分和微分控制参数，在本例中取值分别为 $P = 1$、$I = 0.01$ 和 $D = 0$。

第三部分是汽车动力机构。汽车动力机构是汽车行驶控制系统的执行机构。其功能是在牵引力的作用下改变汽车速度，使其达到指定速度。牵引力与速度之间的关系为 $F = mv + bv$，其中 v 是汽车速度，F 是汽车的牵引力，$m = 1\,000 \text{ kg}$ 是汽车质量，$b = 20$ 是阻力因子。

分析过程如下。

1. 系统模型的创建

按照前面给出的汽车行驶控制系统的数学模型，构建系统的 Simulink 仿真模型。此仿真模型需要的系统模块有：数学运算模块库中的 Gain、Sum 和 Slider Gain 模块，Slider Gain 模块用来调节位置变换器的输入信号 x 的取值；离散系统模块库中的 Unit Delay 模块，产生信号的一步延迟，以实现 PID 控制算法；连续系统模块库中的 Integrator 模块。

汽车行驶控制系统
Simulink 仿真模型

2. 系统模块参数及仿真参数的设置

1）系统模块参数的设置

系统模块参数的设置如下：

Slider Gain 模块：最小值 Low 为 0，最大值 High 为 1，可取 0 ~ 1 的任意值。

Unit Delay 模块：初始状态为 0，采样时间为 0.02。

Intergrator 模块：初始状态为 0。

2）系统仿真参数的设置

系统仿真参数的设置如下：

仿真结果

仿真时间范围：0~800。

求解器：使用变步长连续求解器。

3. 系统的仿真与分析

系统模块参数与系统仿真参数设置完毕，对系统进行仿真。

习 题 4

4-1 仿真 $x(t) = \sin(t)\sin(10t)$ 的波形。

4-2 连续非线性系统举例。利用 Simulink 计算 Van Der Pol 方程：

$$\begin{cases} \dot{x}_1 = x_2 \\ \dot{x}_2 = -m(x_1^2 - 1)x_2 - x_1 \end{cases}$$

并用示波器（Scope 模块）显示状态量 x_1 和 x_2。

4-3 假设某离散系统的状态方程为

$$\begin{cases} x_1(k+1) = x_1(k) + 0.1x_2(k) \\ x_2(k+1) = -0.05\sin(x_1(k)) + 0.094x_2(k) + u(k) \end{cases}$$

其中，$u(k)$ 是输入。该过程的采样周期是 0.1 s，控制器采用采样周期为 0.25 s 的比例控制器，显示系统的更新周期为 0.5 s。对该系统进行仿真。

应用 篇

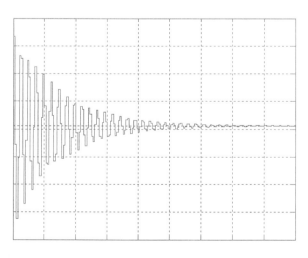

第5章

MATLAB 在高等数学中的应用

随着科学技术的发展和人们对事物本质认识的不断加深，科学计算，尤其是数学计算被广泛用于社会的各个领域。MATLAB 具有卓越的数学计算能力、先进可靠的算法、简单易读的指令形式，而同时 MATLAB 函数库几乎包含了所有常用数学函数，其语法简单通用，故其适用于各个领域。本章介绍 MATLAB 在高等数学中的应用。

5.1　基 本 运 算

5.1.1　预定义变量

MATLAB 内部定义了一些变量，不需要用户赋值，启动时直接供用户使用，见表2-2。

5.1.2　复数运算

复数一直是数值运算中的重要分支。MATLAB 的每一个元素都可以是复数，实数是复数的特例。复数的虚部用 i 或 j 来表示。如果在前面程序中曾经给 i 或 j 赋过其他值，这时 i 或 j 就已经不是虚数单位，此时应输入语句"clear i, j"，把原赋的 i、j 值清除，才能执行复数赋值语句。

例如，在命令窗口中输入以下语句：

```
>>clear
>>A = 2 + 2 * i;
>>B = 2 + 2 * j;
>>A,B,A == B
```

可以看出语句"A == B"的返回值为 1，说明 A 与 B 有相同的值，证明 i

运行结果

与 j 在表示复数虚数单位时意义和用法相同。此外，虚数部分如果是数字，则中间的"＊"可以省略，但中间不能有其他字符或空格。

65

MATLAB 还可以对复数逐个赋值，也可以用函数 complex(x) 创建复数。

其语法格式为

c = complex(a,b)　　　% 表示复数 c = a + bi

其中，a、b、c 为同维向量、矩阵或数组。

例如，在命令窗口中输入以下语句：

```
>>G = [1 + 5i,2 + 6i;3 + 7i,4 + 8i];
>>H = [1,2;3,4] + [5,6;7,8] * i;
>>S = complex([1,2;3,4],[5,6;7,8]);
>>G,H,S
```

运行结果

两种赋值方法输出的结果是相同的。复数一般以实部、虚部表示，表 5 - 1 列出了复数运算中常用的函数。

表 5 - 1　复数运算中常用的函数

函数名	功能说明
complex(A)	创建复数
real(A)	求复数 A 的实部
imag(A)	求复数 A 的虚部
abs(A)	求复数 A 的模
angle(A)	求复数 A 的弧度值（辐角）
conj(A)	求复数矩阵的共轭矩阵
transpose(A)	求复数矩阵的转置矩阵

例 5 - 1　求复数矩阵 $H = [1, 2; 3, 4] + [5, 6; 7, 8] \times i$ 的实部、虚部、模和辐角。

输入 MATLAB 程序如下：

```
P = real(H),Q = imag(H),R = abs(H),U = angle(H) * 180 / pi
```

运行结果

再来看复数矩阵的转置与共轭运算，运算符 "'" 表示把矩阵作共轭转置运算（即把它的行、列互换，同时，把各元素的虚部反号）。如果只取共轭，可以用函数 conj() 来实现，如果只求转置，可以用函数 transpose() 或将 "'" 与函数 conj() 结合起来完成。

例如，输入以下语句：

```
>>L = H',K = conj(H),M = transpose(H),N = conj(H)'
```

由上例可以看出，L 是 H 的转置共轭矩阵，K 是 H 的共轭矩阵，而 M 和 N 是 H 的转置矩阵。

运行结果

5.1.3　向量运算

1. 向量的生成

在 MATLAB 中，任意的 1×1 阶矩阵都表示单个实数或复数，称为标量。而向量也是一种矩阵，向量有行向量和列向量之分。一个 n 维行向量就是一个 $1 \times n$ 阶矩阵，一个 n 维列向量就是一个 $n \times 1$ 阶矩阵。向量的生成有直接输入、冒号表示、组合输入和利用函数 linspace( ) 或 logspace( )4 种方法。

1）直接输入

向量的元素用中括号"[ ]"括起来，行向量元素间用逗号或空格隔开，其基本格式为 a = [a1，a2，a3，…]；列向量元素间用分号隔开或通过对行向量转置获得，其基本格式为 a = [a1；a2；a3；…] 或 a = [a1，a2，a3，…]'。

例如，在命令窗口中输入以下语句：

```
>>A=[1,2,3];B=[4 5 6];C=[7;8;9];D=[7,8,9]';
>>A,B,C,D
```

运行结果

2）冒号表示

冒号表示向量的基本格式为 a = a1：step：a2。其中 a1 为向量的第一个元素，a2 为向量的最后一个元素，step 为步长，当步长省略时，系统默认步长为 1。

例如，在命令窗口中输入以下语句：

```
>>A=1:2:10;B=1:10;
>>A,B
```

运行结果为

```
A =
    1    3    5    7    9
B =
    1    2    3    4    5    6    7    8    9    10
```

3）组合输入

组合输入是将两个或两个以上向量或数值组合在一起，构成一个新的向量。

例如，在命令窗口中输入以下语句：

```
>>A=[1,2,3];
>>B=[4 5 6];
>>C=[A 14 B ones(1,2)]
```

运行结果为

```
C =
    1    2    3    14    4    5    6    1    1
```

4）利用函数 linspace( ) 或 logspace( )

函数 linspace( ) 的基本格式为 linspace(a，b，n)，生成首、尾元素分别为 a 和 b，长度为 n 的等差行向量。当 n 省略时，默认 n = 100。

函数 logspace( ) 的基本格式为 logspace(a，b，n)，生成首、尾元素分别为 10^a 和 10^b，长度为 n 的对数等分行向量。当 n 省略时，默认 n = 50。

例如，在命令窗口中输入以下语句：

```
>>A=linspace(1,10,2);
>>B=logspace(1,2,5);
>>A,B
```

运行结果为

```
A =
    1    10
```

```
B =
    10.0000  17.7828  31.6228  56.2341  100.0000
```

例 5 - 2　求 0 到 10 之间的 11 个线性等分点。

输入 MATLAB 程序如下：

```
A = linspace(0,10,11)
```

运行结果为

```
A =
    0  1  2  3  4  5  6  7  8  9  10
```

2. 向量的运算

在 MATLAB 中，维数相同的向量之间、数和向量之间可以进行加、减运算，其运算法则与数学运算法则一致。向量的积分为内积、叉积和混合积。

向量的内积又叫向量的点乘，是向量 A 和 B 的对应元素相乘后再求和，其结果是一个标量，即若 $A = [a1, a2, a3]$，$B = [b1, b2, b3]$，则 $A \cdot B = a1b1 + a2b2 + a3b3$。内积运算函数为 $\text{dot}(A, B)$。

向量的叉积结果是一个过两向量交点且垂直于两个向量所在平面的向量，即若 $A = [a1, a2, a3]$，$B = [b1, b2, b3]$，则 $A \times B = [a2b3 - b2a3, a3b1 - a1b3, a1b2 - a2b1]$。叉积运算函数为 $\text{cross}(A, B)$。

混合积是指先叉乘再点乘，其运算函数为 $\text{dot}(A, \text{cross}(B, C))$。

例 5 - 3　已知向量 $x = [1\ 2\ 3]$，$y = [4\ 5\ 6]$，$z = [7\ 8\ 9]$，求 x 与 y 的内积、叉积，以及 x、y、z 的混合积。

输入 MATLAB 程序如下：

```
x = [1 2 3];y = [4 5 6];z = [7 8 9];
A = dot(x,y);B = cross(x,y);C = dot(x,cross(y,z));
A,B,C
```

5.1.4　矩阵的基本运算

运行结果

矩阵算术运算的书写格式与普通算术运算相同，包括加、减、乘、除、乘方、开方等，也可用括号来规定运算的优先次序。

1. 矩阵的加、减运算

两个 $m \times n$ 阶矩阵相加、减，则将其对应元素进行加、减运算。如其中一个运算量是标量，则该标量依次与矩阵中的每一个元素进行加、减运算。

例 5 - 4　已知，$A = \begin{pmatrix} 1 & 3 & 5 \\ 2 & 4 & 6 \end{pmatrix}$，$B = \begin{pmatrix} 0 & 2 & 9 \\ 8 & 7 & 11 \end{pmatrix}$，计算 $A + B$、$A - B$、$3 + B$、$A^T + B$。

输入 MATLAB 程序如下：

```
A = [1 3 5;2 4 6];
B = [0 2 9;8 7 11];
C = A + B,D = A - B,E = 3 + B,F = A' + B
```

运行结果

由于矩阵 A^T 与矩阵 B 的阶数不相同，即行数和列数各不相同，因此 MATLAB 拒绝运算，并给出运行错误信息。

2. 矩阵的乘法

当两个矩阵的内阶数相等时，即前一矩阵的列数和后一矩阵的行数相同，两个矩阵可以进行乘法运算，否则 MATLAB 程序提示错误信息。矩阵的乘法用"＊"运算符表示，如果只是将两个矩阵中相同位置的元素相乘，则使用". ＊"运算符。矩阵和标量相乘是矩阵中每一个元素都与此标量相乘。

例 5 – 5 　已知 $A = \begin{pmatrix} 1 & 2 \\ 3 & 4 \end{pmatrix}$，$B = \begin{pmatrix} 5 & 6 \\ 7 & 8 \end{pmatrix}$，求 AB 和 BA。

输入 MATLAB 程序如下：

```
A = [1 2;3 4];
B = [5 6;7 8];
C = A * B,D = B * A
```

可见，A＊B 是 A 左乘 B，而 B＊A 是 A 右乘 B，它们的计算结果不一定相同。因此，在矩阵的乘法中必须注意矩阵相乘的顺序。

运行结果

3. 矩阵的除法

矩阵的除法是矩阵的乘法的逆运算，MATLAB 中的除法有两种，用运算符"／"表示右除，用运算符"＼"表示左除。通常 A/B 和 A＼B 的计算结果是不同的，A/B 对应线性方程 X＊A＝B 的解，要求 A 与 B 的列数相等；而 A＼B 对应方程 A＊X＝B 的解，要求 A 与 B 的行数相等。如果 A 为方阵，则 A/B＝B＊inv(A)，A＼B＝inv(A)＊B，inv(A)表示方阵 A 的逆矩阵。此外，矩阵的除法也有"./"和". ＼"运算符，分别表示两个矩阵中对应元素相除。

例 5 – 6 　求方程组 $\begin{cases} 6x_1 + 3x_2 + 4x_3 = 3 \\ -2x_1 + 5x_2 + 7x_3 = -4 \\ 8x_1 - 4x_2 - 3x_3 = -7 \end{cases}$的解。

输入 MATLAB 程序如下：

```
A = [6 3 4;-2 5 7;8 -4 -3];
B = [3;-4;-7];
X = A \ B
```

运行结果为

```
X =
    0.6000
    7.0000
   -5.4000
```

4. 矩阵的幂运算和对数运算

矩阵的幂运算用运算符"＾"和". ＾"来实现。A^N 表示 A 的 N 次方，这里底数 A 可以是矩阵，而指数 N 是标量，且 N 是大于 1 的整数。A 的 N 次方表示 N 个 A 相乘。为了保证做乘法时内阶数相同，作为底数的矩阵 A 可以是方阵或标量，而指数 N 是方阵，但 A 与 N 不能同是矩阵，否则 A^N 不成立。

例 5 – 7 　已知 $A = \begin{pmatrix} 1 & 4 \\ 9 & 16 \end{pmatrix}$，求 A^(1/2)，A.^(1/2)。

输入 MATLAB 程序如下：

```
A = [1 4;9 16];
B = A^(1/2),C = A.^(1/2)
```

可以用 B * B = A 和 C. * C = A 来验证。

运行结果

此外，还可以用开方函数 sqrt(x)和 sqrtm(x)来计算。sqrt(x)表示对矩阵整体计算，sqrtm(x)表示按位计算。

例 5 - 8 使用 sqrtm( )和 sqrt( )函数求解例 5 - 6。

输入 MATLAB 程序如下：

```
E = sqrtm(A);
F = sqrt(A);
E,F
```

运行结果

在 MATLAB 中，e^n 用函数 expm(n)来计算。例如，计算 e^2 可用语句 "A = expm(2)" 计算，运行结果为

```
A =

    7.3891
```

它的反函数即自然对数函数为 logm(x)，它们是以 e 为底的对数。例如，输入语句 "B = logm(A)"，运行结果为

```
B =

    2.0000
```

前面介绍的几个 MATLAB 运算符 " * " "/" " \ " "^" 以及指数函数 expm( )、对数函数 logm( )和开方函数 sqrtm( )都是把矩阵当成一个整体来运算。除此之外，其他 MTALAB 函数都是对矩阵中的元素分别进行运算，称为数组运算。

5.2 线性代数

5.2.1 行列式的计算

通常用语句 "d = det(A)" 计算行列式的值，其功能是计算矩阵 A 的行列式的值，并将该值放入变量 d 中。

【注意】

只有对矩阵才能计算其行列式的值，否则 MATLAB 将给出错误信息提示。

例 5 - 9 用克拉默（Cramer）法则求解下面的线性方程组：

$$\begin{cases} x_1 + x_2 + x_3 + x_4 = 5 \\ x_1 + 2x_2 - x_3 + 4x_4 = -2 \\ 2x_1 - 3x_2 - x_3 - 5x_4 = -2 \\ 3x_1 + x_2 + 2x_3 + 11x_4 = 0 \end{cases}$$

输入 MATLAB 程序如下：

```
D = [1 1 1 1;1 2 -1 4;2 -3 -1 -5;3 1 2 11];
D1 = [5 1 1 1;-2 2 -1 4;-2 -3 -1 -5;0 1 2 11];
D2 = [1 5 1 1;1 -2 -1 4;2 -2 -1 -5;3 0 2 11];
D3 = [1 1 5 1;1 2 -2 4;2 -3 -2 -5;3 1 0 11];
D4 = [1 1 1 5;1 2 -1 -2;2 -3 -1 -2;3 1 2 0];
x1 = det(D1)/det(D);
x2 = det(D2)/det(D);
x3 = det(D3)/det(D);
x4 = det(D4)/det(D);
x1,x2,x3,x4
```

运行结果

例 5-10 问 a 取何值时，齐次线性方程组 $\begin{cases} (1-a)x_1 - & 2x_2 + & 4x_3 = 0 \\ 2x_1 + (3-a)x_2 + & x_3 = 0 \\ x_1 + & x_2 + (1-a)x_3 = 0 \end{cases}$ 有非零

解？

【分析】

若所给齐次线性方程组有非零解，则其系数行列式 $D = 0$。

输入 MATLAB 程序如下：

```
syms a;
D = [1-a -2 4;2 3-a 1;1 1 1-a];
factor(det(D))
```

运行结果为

```
ans =
    -a*(a-2)*(a-3)
```

设 $-a(a-2)(a-3) = 0$，得 $a_1 = 0$，$a_2 = 2$，$a_3 = 3$。

5.2.2 矩阵的特殊运算

矩阵除了上述基本运算外，还有一些特殊运算。MATLAB 为这些特殊运算提供了相应的函数，具体函数及其功能说明如表 5-2 所示。

表 5-2 矩阵的特殊运算

函数	功能说明
det(A)	求矩阵 A 的行列式的值
B = [A b]	求增广矩阵 B，其中 A 是系数矩阵，b 常数项矩阵
inv(A)	求方阵 A 的逆矩阵，要求 A 必须是方阵
pinv(A)	求矩阵 A 的伪逆矩阵
[B, m] = rref(A, n)	求矩阵 A 的行最简形矩阵 B 及向量的基，n 表示精度
rank(A)	求矩阵 A 的秩
trace(A)	求矩阵 A 的迹(对角线元素之和)
norm(A, n)	求矩阵 A 的范数，n 的取值不同代表不同类型的范数
cond(A, n)	求矩阵 A 的条件数，n 取不同值代表不同类型的条件数

函数	功能说明
condest(A)	1-范数的条件数估计
normest(A)	2-范数的条件数估计
rcond(A)	矩阵可逆的条件数估计
condeig(A)	特征值的条件数
[x, n] = eig(A)	求矩阵 A 的特征值 n 和特征向量 x
poly(A)	计算矩阵 A 的特征多项式
dot(A, B)	求矩阵 A、B 的内积(点乘)
cross(A, B)	求矩阵 A、B 的叉积(叉乘)
kron(A, B)	求矩阵 A、B 的张量积
orth(A)	将矩阵 A 正交规范化
null(A)	求矩阵 A 的基础解系
svd(A)	计算矩阵 A 的奇异值分解
A = diag(c)	对角矩阵的提取与生成
blkdiag(a, b, c, ⋯)	生成指定对角线元素的矩阵
tril(A, n)	提取矩阵 A 的第 n 条对角线的下三角部分
triu(A, n)	提取矩阵 A 的第 n 条对角线的上三角部分
reshape(A, m, n, p, ⋯)	将矩阵 A 变维为 m×n×p×⋯的数组
B = repmat(A, [m, n, p, ⋯])	矩阵的复制与平铺
[B, C] = rat(A)	用有理数形式表示矩阵，A = B./C
[B, n] = funm(A, fun)	指定函数 funm( ) 对矩阵 A 进行运算，结果为 B、n 表示误差
spaugment	生成最小二乘增广矩阵
numel(A)	计算矩阵 A 中元素的个数
nnz(A)	计算矩阵 A 中非零元素的个数
nonzeros(A)	矩阵中的非零元素构成列向量
subspace(A, B)	计算矩阵 A、B 的夹角
[C, D] = cdf2rdf(A, B)	将复数对角矩阵 A、B 转换为实对角矩阵 C、D

1. 逆矩阵

对于 n 阶方阵 A，若有一个 n 阶方阵 B，使得 $AB = BA = E$（其中 E 是单位矩阵），则矩阵 A 是可逆的，此时方阵 B 就是方阵 A 的逆矩阵，记作 $B = A^{-1}$。方阵 A 可逆的充分必要条件是 $|A| \neq 0$，即可逆矩阵 A 就是非奇异矩阵。注意，只有方阵才有逆矩阵，否则 MATLAB 将给出错误信息。MATLAB 中求逆矩阵的函数是 inv(X)。

例 5-11　设方阵 $A = \begin{pmatrix} 1 & 2 & 3 \\ 2 & 2 & 1 \\ 3 & 4 & 3 \end{pmatrix}$，判断它是否可逆，若可逆求 A^{-1}。

输入 MATLAB 程序如下：

```
A = [1 2 3;2 2 1;3 4 3];
D = det(A)
```

运行结果

```
B = inv(A),C = inv(sym(A))          % 注意两种输出结果
```

因为 $D = |A| \neq 0$，所以方阵 **A** 是可逆矩阵，其逆矩阵存在，为矩阵 **B**。下面验证逆矩阵的定义。

在命令窗口中输入以下语句：

```
>> D = B * A,E = C * A,F = A * B
```

可见，矩阵 **D**、**E**、**F** 都是单位矩阵。

运行结果

例 5 – 12　设矩阵 $A = \begin{pmatrix} 1 & 2 & 3 \\ 2 & 2 & 1 \\ 3 & 4 & 3 \end{pmatrix}$，$B = \begin{pmatrix} 2 & 1 \\ 5 & 3 \end{pmatrix}$，$C = \begin{pmatrix} 1 & 3 \\ 2 & 0 \\ 3 & 1 \end{pmatrix}$，判断矩阵 **B**、**C** 是否可逆，

并求矩阵 **X**，使其满足 $AXB = C$。

输入 MATLAB 程序如下：

```
A = [1 2 3;2 2 1;3 4 3];
B = [2 1;5 3];
C = [1 3;2 0;3 1];
E = inv(B),F = inv(C)
```

运行结果

因为矩阵 **C** 不是方阵，所以它没有逆矩阵，需要换一种思路来求解。

由以上可知矩阵 **A**、**B** 都存在逆矩阵，可以用 A^{-1} 左乘上式两边，用 B^{-1} 右乘上式两边得 $A^{-1}AXBB^{-1} = A^{-1}CB^{-1}$，即 $X = A^{-1}CB^{-1}$。

在命令窗口中输入以下语句：

```
>> X = inv(A) * C * inv(B)
```

2. 伪逆矩阵

Moore – Penrose 伪逆矩阵是与 **A** 的转置矩阵具有相同阶数，并且满足 $ABA = A$、$BAB = B$、**AB** 和 **BA** 都是埃米尔特（Hermitian）矩阵的矩阵。伪逆矩阵函数是 pinv（），它的基本语法格式为 B = pinv(A, n)。求在指定误差 n 范围内矩阵 A 的 Moore – Penrose 伪逆矩阵 B，如果不指定误差 n 的范围，此时 n 为默认值。

运行结果

例 5 – 13　设矩阵 $A = \begin{pmatrix} 1 & 2 & 3 \\ 2 & 2 & 1 \\ 3 & 4 & 3 \end{pmatrix}$，$B = \begin{pmatrix} 2 & 1 \\ 5 & 3 \end{pmatrix}$，$C = \begin{pmatrix} 1 & 3 \\ 2 & 0 \\ 3 & 1 \end{pmatrix}$，求 **A** 的伪

逆矩阵。

输入 MATLAB 程序如下：

```
A = [1 3;2 0;3 1];
D = pinv(A)
```

运行结果

3. 行最简形矩阵及向量的基

将矩阵 **A** 进行有限次初等行变换得到矩阵 **B**，使矩阵 **B** 满足非零行的第一个非零元为 1，且这些非零元所在列的其他元素都为 0。可画出一条阶梯线，线的下方全为 0，每个台阶只有一行，台阶数即非零行的行数。求行最简形矩阵的函数为 rref（），它的基本语法格式为

```
B = rref(A)          % 计算矩阵 A 的行最简形
[B,m] = rref(A,n)
                     % 在指定精度 n 的范围内求矩阵 A 的行最简形矩阵,赋值给矩阵 B
```

```
% 并返回一个向量 m
```

其中，m 的长度为矩阵 A 的秩，m 中的元素表示基向量所在的列号，A(:, m) 表示矩阵 A 的列向量基。

例 5-14 求矩阵 $A = \begin{pmatrix} 2 & -1 & -1 & 1 & 2 \\ 1 & 1 & -2 & 1 & 4 \\ 4 & -6 & 2 & -2 & 4 \\ 3 & 6 & -9 & 7 & 9 \end{pmatrix}$ 的行最简形矩阵。

输入 MATLAB 程序如下：

```
A = [2 -1 -1 1 2;1 1 -2 1 4;4 -6 2 -2 4;3 6 -9 7 9];
[B,m] = rref(A)
```

运行结果

有了求矩阵（A，E）的行最简形矩阵的方法，可以利用它来求矩阵 A 的逆矩阵，即把（A，E）的行最简形矩阵写作（E，X），则 $X = A^{-1}$。

例 5-15 设矩阵 $A = \begin{pmatrix} 1 & 2 & -1 \\ 3 & 4 & -2 \\ 5 & -4 & 1 \end{pmatrix}$，利用行初等变换求矩阵 A 的逆矩阵。

输入 MATLAB 程序如下：

```
A = [1 2 -1;3 4 -2;5 -4 1];
E = eye(3);
B = [A,E];
C = rref(B),X = C(1:3,4:6)
```

运行结果

矩阵 A 为奇异矩阵，可以用行最简形矩阵求解，若初等行变换进行到一定程度，能看出左面的 A 变成一个奇异矩阵，则说明原来的矩阵 A 也是奇异矩阵；若最终矩阵 A 化成了单位矩阵，则说明矩阵 A 是可逆的。

4. 矩阵的秩

通过求矩阵的行最简形矩阵可以求出矩阵的秩，即行最简形矩阵的非零行的行数。在 MATLAB 中求秩的函数是 rank( )，其语法格式为 B = rank(A)。

例 5-16 设矩阵 $A = \begin{pmatrix} 2 & -3 & 8 & 2 \\ 2 & 12 & -2 & 12 \\ 1 & 3 & 1 & 4 \end{pmatrix}$，求 A 的秩。

（1）方法一。

输入 MATLAB 程序如下：

```
A = [2 -3 8 2;2 12 -2 12;1 3 1 4];
n = rank(A)
```

运行结果为

```
n =
    2
```

此外，还可以利用初等行变换来判断矩阵的秩。

（2）方法二。

输入 MATLAB 程序如下：

```
A = [2 -3 8 2;2 12 -2 12;1 3 1 4];
```

运行结果

```
B = rref(A)
```

由于矩阵 A 的行最简形矩阵 B 只有两行非零行，故矩阵 A 的秩为2。

例 5-17　设 $A = \begin{pmatrix} 3 & 1 & 0 & 2 \\ 1 & -1 & 2 & -1 \\ 1 & 3 & -4 & 4 \end{pmatrix}$，求 A 的秩，并求一个最高阶非零子式。

【分析】

求一个最高阶非零子式，需要先从行最简形矩阵中找到一个最高阶非零子式，若由该子式所在的所有列对应的原矩阵的那些列构成新矩阵，则在新矩阵中便能较快地找出一个原矩阵的最高阶非零子式。

输入 MATLAB 程序如下：

```
A = [3 1 0 2;1 -1 2 -1;1 3 -4 4];
B = rref(A)
```

运行结果

因为矩阵 A 的行最简形矩阵有两个非零行，所以秩为2。这样 A 的最高阶非零子式为2阶。记 A 的行最简形矩阵为 $A = (a_1, a_2, a_3, a_4)$，则矩阵 $A_0 = (a_1, a_2)$ 的行最简形矩阵为 $\begin{pmatrix} 1 & 0 \\ 0 & 1 \\ 0 & 0 \end{pmatrix}$，知 A_0 的秩为2，故 A_0 中必有2阶非零子式。今计算 A_0 的

前两行构成的子式 $\begin{vmatrix} 3 & 1 \\ 1 & -1 \end{vmatrix} = -4 \neq 0$，因此这个子式便是 A 的一个最高阶非零子式。

5. 矩阵的迹

矩阵的迹表示矩阵对角线元素之和。其 MATLAB 函数为 trace( )。

例 5-18　设矩阵 $A = \begin{pmatrix} -3 & 2 & 5 & 1 \\ 3 & 10 & 3 & 8 \\ 0 & 0 & 7 & 5 \\ 1 & 5 & 4 & -1 \end{pmatrix}$，求 A 的迹。

输入 MATLAB 程序如下：

```
A = [-3 2 5 1;3 10 3 8;0 0 7 5;1 5 4 -1];
n = trace(A)
```

运行结果为

```
n =
    13
```

6. 矩阵的范数

矩阵的范数从整体上描述矩阵元素的大小，其函数调用格式为 norm(A，n)，n 取不同值时，返回的范数类型不同。常见的范数有以下4个：

当 $n = 1$ 时，为 1-范数，也称为列和范数，$\|A\| = \max\limits_{i} \sum\limits_{j=1}^{n} |a_{ij}|$，即每一列元素的绝对值相加后的最大值。MATLAB 表示为 max(sum(abs(A)))。

当 $n = 2$ 时，为 2 – 范数，即求矩阵 A 的最大奇异值，$\|A\| = \max|\lambda_n|$（λ_n 为 A 的奇异值），默认情况下 $n = 2$。

当 $n = \text{inf}$ 时，为无穷范数，也称为行和范数，$\|A\| = \max\limits_j \sum\limits_{i=1}^{n} |a_{ij}|$。MATLAB 表示为 max（sum（abs（A'）））。

当 $n = $ 'fro' 时，为 F – 范数，MATLAB 表示为 sqrt（sum（diag（A' * A）））。

例 5 – 19 求例 5 – 18 中矩阵 A 的各种范数。

输入 MATLAB 程序如下：

```
A = [ -3 2 5 1;3 10 0 3 8;0 0 7 5;1 5 4 -1];
a = norm(A,1);                    % 求矩阵 A 的 1 – 范数
b = norm(A,2);                    % 求矩阵 A 的最大奇异值
c = norm(A,inf);                  % 求矩阵 A 的无穷范数
d = norm(A,'fro');                % 求矩阵 A 的 F – 范数
```

在命令窗口中输入以下语句：

```
>>a,b,c,d
```

运行结果为

```
a =
    19
b =
    15.6094
c =
    24
d =
    18.3848
```

7. 矩阵的条件数

矩阵 A 的条件数等于 A 的范数与 A 的逆矩阵范数的乘积，即 $\text{cond}(A) = \|A\| \cdot \|A^{-1}\|$，$\|A\| = \max\limits_{1 \geq i \geq n} \sum\limits_{j=1}^{n} a_{ij}$，对应矩阵的 3 种范数，相应地可以定义 3 种条件数。

条件数 $\text{cond}(A) \geq 1$，单位矩阵的条件数最小为 1。随着矩阵奇异程度的增大，条件数变大，这是判断矩阵病态与否的一种度量，条件数越大，矩阵越病态。若条件数接近 1，则称矩阵为良性矩阵；若条件数远大于 1，则称矩阵为病态矩阵；若条件数接近无穷大，则矩阵近似为奇异矩阵。条件数事实上表示了矩阵计算对于误差的敏感性，当矩阵病态时，系数矩阵细小的扰动就会导致解出现很大的变化。

计算条件数的函数为 cond（A，n），n 的值可以是 1、2、inf 或'fro'，分别表示 1 – 范数条件数、2 – 范数条件数、无穷范数条件数和 F – 范数条件数。默认情况下，n = 2。

例 5 – 20 计算矩阵 $A = \begin{pmatrix} 1 & 2 & 3 \\ 4 & 5 & 6 \\ 7 & 8 & 9 \end{pmatrix}$ 的 2 – 范数条件数。

输入 MATLAB 程序如下：

```
A = [1 2 3;4 5 6;7 8 9];
a = cond(A)
```

运行结果为

```
a =
   3.8131e +016
```

8. 矩阵的正交规范化

矩阵 **A** 的正交规范化是为矩阵 **A** 的列空间返回一组标准正交基 **B**。**B** 的列与 **A** 的列有相同的空间，且 **B** 的列数等于 **A** 的秩，**B** 的各列向量之间相互正交。满足 $B' \times B = E$（**E** 为单位矩阵）。

例 5－21　设矩阵 $A = \begin{pmatrix} 0 & 2 & 1 \\ 2 & -1 & 3 \\ -3 & 3 & -4 \end{pmatrix}$，将 **A** 正交规范化。

输入 MATLAB 程序如下：

```
A =[0 2 1;2 -1 3;-3 3 -4];
B =orth(A)
```

在命令窗口中输入以下语句进行验证：

```
>>B'*B
```

运行结果　　运行结果

9. 奇异值分解

奇异值分解函数为 svd( )，其调用格式为 $[M, B, N] = svd(A)$，其意义是对 $m \times n$ 阶矩阵 A 进行奇异值分解，返回一个 $m \times n$ 阶矩阵 B、一个 m 阶单位矩阵 M 和一个 n 阶单位矩阵 N，且满足 A = M * B * N'。奇异值分布在矩阵 B 的对角线上，是非负值按降序排列。

$[M, B, N] = svd(A, 0)$ 表示对矩阵 A 进行"有效大小"的奇异值分解。

例 5－22　求矩阵 $A = \begin{pmatrix} 1 & 2 & 3 \\ 2 & -3 & 1 \end{pmatrix}$ 的奇异值。

输入 MATLAB 程序如下：

```
A =[1 2 3;2 -3 1];
[M,B,N] =svd(A)
```

运行结果

5.2.3　解线性方程组

n 元线性方程组 $Ax = b$ 有两种，当 **b** 为零向量时称为齐次线性方程组，当向量 **b** 至少有一个元素不为 0 时称为非齐次线性方程组。

对于非齐次线性方程组，用系数矩阵 **A** 的秩 $R(A)$ 和增广矩阵 **B** 的秩 $R(A, b)$ 来判断：

当 $R(A) < R(A, b)$ 时，方程组无解；

当 $R(A) = R(A, b) = n$ 时，方程组有唯一解；

当 $R(A) = R(A, b) < n$ 时，方程组有无穷多解。

1. 求齐次线性方程组 $Ax = O$ 的解

对于齐次线性方程组的解，用系数矩阵 **A** 的秩 $R(A)$ 来判断：

当 $R(A) < n$ 时有方程组有无数个解；

当 $R(A) = n$ 时方程组有唯一解，即零解。

MATLAB 中函数 null(A)可以求出齐次线性方程组的一个基础解系。

例 5-23　求解齐次线性方程组 $\begin{cases} x_1 + x_2 - x_3 - x_4 = 0 \\ 2x_1 - 5x_2 + 3x_3 + 2x_4 = 0 \\ 7x_1 - 7x_2 + 3x_3 + x_4 = 0 \end{cases}$ 的基础解系与通解。

输入 MATLAB 程序如下：

```
A = [1 1 -1 -1;2 -5 3 2;7 -7 3 1];
x = null(A,'r')
```

运行结果为

```
x =
     0.2857    0.4286
     0.7143    0.5714
     1.0000         0
          0    1.0000
```

得到基础解系为

$$\boldsymbol{\zeta}_1 = (0.285\,7,\ 0.714\,3,\ 1.000\,0,\ 0)^{\mathrm{T}},\ \boldsymbol{\zeta}_2 = (0.428\,6,\ 0.571\,4,\ 0,\ 1.000\,0)^{\mathrm{T}}$$

所以通解为

$$\begin{pmatrix} x_1 \\ x_2 \\ x_3 \\ x_4 \end{pmatrix} = c_1 \boldsymbol{\xi}_1 + c_2 \boldsymbol{\xi}_2$$

2. 求非齐次线性方程组 $\boldsymbol{Ax} = \boldsymbol{b}$ 的解

对于非齐次线性方程组的解，用系数矩阵 $\boldsymbol{A}$ 的秩 $R(\boldsymbol{A})$ 和增广矩阵 $\boldsymbol{B}$ 的秩 $R(\boldsymbol{A}, \boldsymbol{b})$ 来判断：

当 $R(\boldsymbol{A}) < R(\boldsymbol{A},\boldsymbol{b})$ 时，方程组无解；

当 $R(\boldsymbol{A}) = R(\boldsymbol{A},\boldsymbol{b}) = n$ 时，方程组有唯一解；

当 $R(\boldsymbol{A}) = R(\boldsymbol{A},\boldsymbol{b}) < n$ 时，方程组有无穷多解。

语句 "A \ b" 或函数 linsolve(A, b)给出非齐次线性方程组 $\boldsymbol{Ax} = \boldsymbol{b}$ 的一个特解。

例 5-24　解非齐次线性方程组 $\begin{cases} 5x_1 + 6x_2 = 1 \\ x_1 + 5x_2 + 6x_3 = 0 \\ x_1 + x_2 + 5x_3 + 6x_4 = 1 \\ x_3 + 6x_4 = 0 \end{cases}$ 。

输入 MATLAB 程序如下：

```
A = [5 6 0 0;1 5 6 0;1 1 5 6;0 0 1 5];
b = [1 0 1 0]';
C = [A,b];
rankA = rank(A)
```

运行结果为

```
rankA =
     4
```

因为系数矩阵 $\boldsymbol{A}$ 的秩等于未知数的个数 n，所以该方程组有唯一解。

在命令窗口中输入以下语句：

```
>> x1 = A \ b
```

运行结果为

```
x1 =
    0.6266
   -0.3555
    0.1918
   -0.0384
```

此外，还可以用函数 rref( )、inv( ) 或 linsolve( ) 来求解。在命令窗口中输入：

```
>>x2 = linsolve(A,b);
x3 = inv(A) * b;
>>x4 = rref(C)
```

由运行结果可知，x_2，x_3，x_4 的最后一列都是该方程组的解。

例 5 −25　求解方程组
$$\begin{cases} x_1 - x_2 + 2x_3 + x_4 = 1 \\ x_1 - x_2 + x_3 + 2x_4 = 3 \\ x_1 - x_3 + x_4 = 2 \\ 3x_1 - x_2 + 3x_4 = 5 \end{cases}$$

运行结果

输入 MATLAB 程序如下：

```
A = [1 -1 2 1;1 -1 1 2;1 0 -1 1;3 -1 0 3];
b = [1 3 2 5]';
B = [A,b];
rankA = rank(A);
rankB = rank(B);
rankA,rankB
```

运行结果为

```
rankA =
        3
rankB =
        3
```

因为系数矩阵 **A** 的秩等于增广矩阵 **B** 的秩，且这两个秩都小于未知数的个数 4，所以原方程组有无穷多解。其通解为齐次方程组的解加上特解。可以用语句 null(A) 求出齐次方程组的基础解系，用语句 "A \ b" 求出一个特解。在命令窗口中输入以下语句：

```
A = sym(A);
>>b = sym(b);
>>xq = null(A);
>>xt = A\b;
>>xq,xt
```

运行结果

由运行结果可知，原方程组的通解为 $c_1 \begin{pmatrix} 0 \\ 3 \\ 1 \\ 1 \end{pmatrix} + \begin{pmatrix} 0 \\ -5 \\ -2 \\ 0 \end{pmatrix}$。

除以上几种解矩阵方程或方程组的方法外，还可以用其他函数来解矩阵方程，如表 5 −3 所示。

表 5 – 3　矩阵方程的其他求解函数

函数	功能说明
pinv(A)	利用广义逆求无解方程的近似最小二乘解
lyap(A，C)	求连续李雅普诺夫（Lyapunov）方程的解，A、C 为李雅普诺夫方程的系数矩阵
lyap(A，B，C)	求西尔维斯特（Sylvester）方程的解，A、B、C 为李雅普诺夫方程的系数矩阵
dlyap(A，B)	求离散李雅普诺夫方程的解，A、B 为离散李雅普诺夫方程的系数矩阵
are(A，B，C)	求黎卡提（Riccati）方程的解，A、B、C 为离散黎卡提方程的系数矩阵
[L，U] = lu(A)	利用 LU 解法求方程组的解，U 为上三角矩阵，L 为下三角矩阵，满足 LU = A
[Q，R] = qr(A)	利用 QR 解法求方程组的解，Q 为正交矩阵，R 为上三角矩阵，满足 QR = A
symmlq(A，b)	利用 LQ 解法解方程组
bicg(A，b)	利用双共轭梯度法解方程组
bicgstab(A，b)	利用稳定双共轭梯度法解方程组
cgs(A，b)	利用复共轭梯度平方法解方程组
lsqr(A，b)	利用共轭梯度法的 LSQR 法解方程组
pcg(A，b)	利用预处理共轭梯度法解方程组
minres(A，b)	利用最小残差法解方程组
gmres(A，b)	利用广义最小残差法解方程组
qmr(A，b)	利用准最小残差法解方程组

5.2.4　向量组的线性相关性

给定向量组 A：a_1，a_2，$\cdots$，a_n，如果存在不全为零的数 k_1，k_2，$\cdots$，k_n，使 $k_1 a_1 + k_2 a_2 + \cdots + k_n a_n = 0$，则称向量组 A 是线性相关的，否则称它线性无关。

向量组 a_1，a_2，$\cdots$，a_n 线性相关的充分必要条件是它所构成的矩阵 $A = (a_1, a_2, \cdots, a_n)$ 的秩小于向量的个数 n，向量组线性无关的充分必要条件是 $R(A) = n$。

例 5 – 26　判断向量组 $a_1 = (1, 2, 3)$，$a_2 = (3, 2, 1)$，$a_3 = (1, 3, 1)$ 是否线性相关。

【分析】

设矩阵 $A = (a_1, a_2, a_3) = \begin{pmatrix} 1 & 2 & 3 \\ 3 & 2 & 1 \\ 1 & 3 & 1 \end{pmatrix}$，$X = (x_1, x_2, x_3)^T$，若向量组线性相关，则齐次线性方程组 $AX = O$ 有非零解。

输入 MATLAB 程序如下：

```
A =[1 2 3;3 2 1;1 3 1];
x = null(sym(A))
```

运行结果为

```
x =
```

```
[ empty sym ]
```

因为 x 输出为空，所以此向量组线性无关。

例 5 - 27　判断向量组 $a_1 = (-1, 3, 1)^T$，$a_2 = (2, 1, 0)^T$，$a_3 = (1, 4, 1)^T$ 的线性相关性。

【分析】

设矩阵 $A = (a_1, a_2, a_3) = \begin{pmatrix} -1 & 2 & 1 \\ 3 & 1 & 4 \\ 1 & 0 & 1 \end{pmatrix}$。

输入 MATLAB 程序如下：

```
A = [ -1 2 1;3 1 4;1 0 1];
x = null(sym(A))
```

运行结果为

```
x =
    -1
    -1
     1
```

因此，该向量组线性相关，且 $-a_1^T - a_2^T + a_3^T = O$

还可以通过判断矩阵 A 的秩来判断向量组的线性相关性。

例 5 - 28　设向量组 $a_1 = (1, -1, 2, 4)^T$，$a_2 = (3, 0, 7, 4)^T$，$a_3 = (0, 3, 1, 2)^T$，$a_4 = (1, -1, 2, 0)^T$，$a_5 = (2, 1, 5, 6)^T$。求向量组的一个最大无关组，并将其余向量用最大无关组线性表示。

输入 MATLAB 程序如下：

```
A = [1 3 0 1 2;-1 0 3 -1 1;2 7 1 2 5;4 4 2 0 6];
rref(A)
```

运行结果

因为 $R(a_1, a_2, a_3) = R(A) = 3$，所以 a_1、a_2、a_3 是向量组的一个最大无关组。其余向量用最大无关组线性表示为

$$a_4 = \begin{pmatrix} -0.200\,0 \\ 0.400\,0 \\ -0.400\,0 \\ 0 \end{pmatrix} = -0.200\,0 \begin{pmatrix} 1 \\ 0 \\ 0 \\ 0 \end{pmatrix} + 0.400\,0 \begin{pmatrix} 0 \\ 1 \\ 0 \\ 0 \end{pmatrix} - 0.400\,0 \begin{pmatrix} 0 \\ 0 \\ 1 \\ 0 \end{pmatrix}$$

$$= -0.200\,0 a_1 + 0.400\,0 a_2 - 0.400\,0 a_3$$

$$a_5 = \begin{pmatrix} 0.800\,0 \\ 0.400\,0 \\ 0.600\,0 \\ 0 \end{pmatrix} = 0.800\,0 \begin{pmatrix} 1 \\ 0 \\ 0 \\ 0 \end{pmatrix} + 0.400\,0 \begin{pmatrix} 0 \\ 1 \\ 0 \\ 0 \end{pmatrix} + 0.600\,0 \begin{pmatrix} 0 \\ 0 \\ 1 \\ 0 \end{pmatrix}$$

$$= 0.800\,0 a_1 + 0.400\,0 a_2 + 0.600\,0 a_3$$

5.2.5　方阵的特征值与特征向量

设 A 是 n 阶方阵，如果数 λ 和 n 维非零列向量 x 使关系式 $Ax = \lambda x$ 成立，那么，这样的数 λ

称为方阵 A 的特征值，非零向量 x 称为 A 的对应于特征值 λ 的特征向量。关系式也可写成 $(A - \lambda E)x = O$。这是含 n 个未知数、n 个方程的齐次线性方程组，它有非零解的充分必要条件是系数行列式 $|A - \lambda E| = 0$。

MATLAB 求特征值和特征向量的函数为 eig( )，其语法格式为 [x，n] = eig(A)。其中，x 表示方阵 A 的特征向量，n 的主对角线元素为方阵 A 的特征值。

例 5 - 29　求方阵 $A = \begin{pmatrix} -1 & 1 & 0 \\ -4 & 3 & 0 \\ 1 & 0 & 2 \end{pmatrix}$ 的特征值和特征向量。

运行结果

输入 MATLAB 程序如下：
```
A = [ -1 1 0;-4 3 0;1 0 2];
[x,n] = eig(A)
```
因此，方阵 A 的特征值为 $\lambda_1 = 2$，$\lambda_2 = \lambda_3 = 1$。

当 $\lambda_1 = 2$ 时，对应的特征向量可取为 $\begin{pmatrix} 0 \\ 0 \\ 1.000\ 0 \end{pmatrix}$。

当 $\lambda_2 = \lambda_3 = 1$ 时，对应的特征向量可取为 $\begin{pmatrix} 0.408\ 2 \\ 0.816\ 5 \\ -0.408\ 2 \end{pmatrix}$。

5.3　初等函数问题

5.3.1　函数的绘制

在平面直角坐标系中绘制一元函数图形的 MATLAB 语句的基本格式为
```
x = a:n:b;
y = f(x);
plot(x,y,'参数')
```
其中，a 和 b 分别表示自变量的上限和下限，必须是具体的数值；n 表示自变量的步长；f(x) 表示定义过的函数；'参数'用来指定所绘制曲线的线型、颜色、数据点的形状等。

语句 subplot(m，n，t) 用来在同一个图形窗口中绘制多个图像。其中，m 和 n 分别表示将整个图形窗口分为 m × n 块，t 指定当前窗口。subplot( ) 本身不能绘制图形，需要和作图语句配合使用。此外，也可以用对符号函数作图的函数 ezplot( )、对离散信号作图的函数 stem( ) 和极坐标作图函数 polar( ) 来绘制图像。

1. 用 plot( ) 函数作图

例 5 - 30　在同一窗口中绘制函数 $y = x$，$y = e^x$ 和 $y = \ln(x)$ 在区间 [-2，2] 上的图形。

输入 MATLAB 程序如下：
```
x = -2:2;
```

```
x1 = -2:0.01:2;
x2 = 0.001:0.001:2;
y = x;
y1 = exp(x1);
y2 = log(x2);
plot(x1,y1)
hold on                          % 在同一个窗口中叠加新图形
plot(x2,y2)
hold on
plot(x,y)
title('y = e^x 和 y = ln(x)')
grid
```

运行结果

2. 用 ezplot( ) 函数作图

例 5 - 31　在同一窗口中绘制函数 $y = \cos(x)$ 和 $y = \sec(x)$ 的图形。

输入 MATLAB 程序如下：

```
ezplot('cos(x)',[-2*pi,2*pi])
hold on
ezplot('sec(x)',[-2*pi,2*pi])
title('cos(x)和 sec(x)')
```

运行结果

可以用函数 ezplot( ) 画出二维参数方程所确定的函数图形，其基本语法格式为

```
ezplot(x,y,[a,b])
```

其中，x = f(x)；y = g(x)；[a，b] 是参数 t 的取值范围。

例 5 - 32　绘制函数 $\begin{cases} x = 5\cos^5 t \\ y = 5\sin^5 t \end{cases}$ （$t \in [0, 2\pi]$）所围成的图形。

输入 MATLAB 程序如下：

```
ezplot('5*(cos(t))^5','5*(sin(t))^5',[0,2*pi])
title('5*(cos(t))^5,5*(sin(t))^5')
grid
```

运行结果

还可以用这个函数绘制圆、椭圆、双曲线、抛物线等图形。

3. 隐函数作图

隐函数作图可以用语句"ezplot (f(x，y)，[xmin，xmax，ymin，ymax])"来实现。其中，x 的取值范围是 [xmin，xmax]，y 的取值范围是 [ymin，ymax]。默认 x、y 的取值范围为 $[-2\pi, 2\pi]$。

例 5 - 33　作出隐函数 $x\sin(y) + ye^x = 0$ 所确定的图形。

输入 MATLAB 程序如下：

```
ezplot('x*sin(y)+y*exp(x)',[-10,10,-10,10])
title('x*sin(y)+y*exp(x)=0')
```

运行结果

4. 分段函数作图

可以用 if - end，if - else - end 等条件语句绘制分段函数。

例 5 – 34　作出分段函数 $f(x) = \begin{cases} x-1, & x<0 \\ 0, & x=0 \\ x+1, & x>0 \end{cases}$ 的图形。

输入 MATLAB 程序如下：

```
for x = -3:0.01:3
if x < 0
    f = x - 1;
    plot(x,f)
    hold on
elseif x > 0
    f = x + 1;
    plot(x,f)
    hold on
else
    f = 0;
    plot(x,f)
    grid
end
end
```

运行结果

5.3.2　常用的数学函数

MATLAB 的函数库几乎包含了高等数学中所有常用的函数，用户还可以根据自己的需要编写自己的函数供以后调用。表 5 – 4 概括了一些常用的数学函数。

表 5 – 4　常用的数学函数

分类	函数	功能说明
三角函数	$\sin(z)/\text{asin}(z)$	正弦函数 $\sin(z) = (e^{iz} - e^{-iz})/2i$ 反正弦函数 $\text{asin}(z) = -i\log[iz + (1-z^2)^{1/2}]$
	$\cos(z)/\text{acos}(z)$	余弦函数 $\cos(z) = (e^{iz} + e^{-iz})/2i$ 反余弦函数 $\text{acos}(z) = \log[z + (1+z^2)^{1/2}]$
	$\tan(z)/\text{atan}(z)$	正切函数 $\tan(z) = \sin(z)/\cos(z)$ 反正切函数 $\text{atan}(z) = i/2 * \log[(i+z)/(i-z)]$
	$\cot(z)/\text{acot}(z)$	余切函数 $\cot(z) = \cos(z)/\sin(z)$ 反余切函数 $\text{acot}(z) = \text{atan}(1/z)$
	$\sec(z)/\text{asec}(z)$	正割函数 $\sec(z) = 1/\cos(z)$ 反正割函数 $\text{asec}(z) = \text{acos}(1/z)$
	$\csc(z)/\text{acsc}(z)$	余割函数 $\csc(z) = 1/\sin(z)$ 反余割函数 $\text{acsc}(z) = \text{asin}(1/z)$

分类	函数	功能说明
三角函数	$\sinh(z)/\mathrm{asinh}(z)$	双曲正弦函数 $\sinh(z)=(e^z-e^{-z})/2$ 反双曲正弦函数 $\mathrm{asinh}(z)=\log[z+(1+z^2)^{1/2}]$
	$\cosh(z)/\mathrm{acosh}(z)$	双曲余弦函数 $\cosh(z)=(e^z+e^{-z})/2$ 反双曲余弦函数 $\mathrm{acosh}(z)=\log[z+(z^2-1)^{1/2}]$
	$\tanh(z)/\mathrm{atanh}(z)$	双曲正切函数 $\tanh(z)=\sinh(z)/\cosh(z)$ 反双曲正切函数 $\mathrm{atanh}(z)=1/2*\log[(1+z)/(1-z)]$
	$\coth(z)/\mathrm{acoth}(z)$	双曲余切函数 $\coth(z)=\cosh(z)/\sinh(z)$ 反双曲余切函数 $\mathrm{acoth}(z)=\mathrm{atanh}(1/z)$
	$\mathrm{sech}(z)/\mathrm{asech}(z)$	双曲正割函数 $\mathrm{sech}(z)=1/\cosh(z)$ 反双曲正割函数 $\mathrm{asech}(z)=\mathrm{acosh}(1/z)$
	$\mathrm{csch}(z)/\mathrm{acsch}(z)$	双曲余割函数 $\mathrm{csch}(z)=1/\sinh(z)$ 反双曲余割函数 $\mathrm{acsch}(z)=\mathrm{asinh}(1/z)$
	$\mathrm{atan2}(B,A)$	四象限的反正切函数
指数函数和对数函数	$\exp(A)$	以 e 为底的指数函数
	$\mathrm{expm}(A)$	以 e 为底的矩阵指数函数
	$\log(A)$	自然对数
	$\mathrm{logm}(A)$	矩阵自然对数
	$\log10(A)$	以 10 为底的对数
	$\mathrm{sqrt}(A)$	求平方根
	$\mathrm{sqrtm}(A)$	求矩阵的平方根
	$\mathrm{pow2}(A)$	2 的幂函数
基本运算	$\mathrm{abs}(A)$	数值的绝对值与复数的模
	$\mathrm{rem}(A,n)$	对矩阵作除法后求余数
	$\mathrm{mod}(a,b)$	带符号的除法求余数
	$[B,C]=\mathrm{rat}(A)$	用有理数形式表示矩阵 A，$A=B./C$
	$\mathrm{roots}(a)$	求一元 n 次方程的根，a 表示系数向量
	$\mathrm{fzero}(f,[a,b])$	求函数 f(x) 在区间 [a,b] 内的零点
	$\mathrm{fzero}(f,x0)$	求函数 f(x) 在 x0 附近的零点
	$[x,y]=\mathrm{fminbnd}(f,a,b)$	求函数 f(x) 在区间 [a,b] 内的极小值
	$[x,y]=\mathrm{fminbnd}(f,x0)$	求函数 f(x) 在 x0 附近的极小值
	$\mathrm{jacobian}(f,[x,y])$	求多元函数的雅可比(Jacobian)矩阵
	$\mathrm{sym}(A)$	转换矩阵数值为分数或符号
	length	一维矩阵的长度
	size	多维矩阵的各维长度
	$\mathrm{fix}(A)$	向零方向取整
	$\mathrm{round}(A)$	向最近的方向取整
	$\mathrm{floor}(A)$	向负无穷大方向取整
	$\mathrm{ceil}(A)$	向正无穷大方向取整

分类	函数	功能说明
特殊矩阵的生成	zeros(n)	生成 n 阶零矩阵
	ones(n)	生成 n 阶全 1 矩阵
	eye(n)	生成 n 阶单位矩阵
	cat(n, X1, X2, …, Xn)	创建多维数组
	linspace(a, b, n)	生成线性等分向量 y，在区间 $[a, b]$ 划分 n 个等分点
	logspace(a, b, n)	生成对数等分向量 y，在区间 $[10^a, 10^b]$ 划分 n 个等分点
	f = inline('f(x)')	建立函数，f(x) 为函数的表达式
	magic(n)	生成 n 阶魔方矩阵
	rand(n)	生成 n 阶均匀分布矩阵
	randn(n)	生成服从正态分布的矩阵
	randperm(n)	生成 n 阶随机整数排列
	hadamard(n)	生成 n 阶哈达玛（Hadamard）矩阵，n 满足 rem(n, 4) = 0
	hankel(a)	生成 Hankel 矩阵
	hilb(n)	生成 n 阶希尔伯特（Hilbert）矩阵
	invhilb(n)	生成 n 阶逆希尔伯特矩阵
	pascal(n)	生成 n 阶 Pascal 矩阵
	toeplitz(a, b)	生成托普利兹（Toeplitz）矩阵
	company(a)	生成友矩阵
	A = vander(c)	生成范德蒙（Vandermonde）矩阵，其中 $A(i, j) = c_i^{n-j}$
	Wilkinson(n)	生成 n 阶 J. H. Wilkinsons 特征值测试矩阵
逻辑运算函数	setdiff(a, b)	求两集合的差集
	setxor(a, b)	求两集合的异或
	union(a, b)	求两集合的并集
矩阵的翻转	fliplr(A)	矩阵左右翻转
	flipud(A)	矩阵上下翻转
	rot90(A, n)	矩阵逆时针方向翻转 n×90°
	flipdim(A, n)	矩阵 A 按指定维数 n 翻转

1. 特殊矩阵的生成

例 5 – 35　构造 3×3 和 3×2 的零矩阵与全 1 矩阵。

构造 3×3 矩阵的 MATLAB 程序如下：

```
A = zeros(3)
B = ones(3)
```

构造 3×2 矩阵的 MATLAB 程序如下：

```
>>O = zeros(3,2)
>>A = ones(3,2)
```

运行结果　　　　运行结果

2. 求余函数

求余函数的调用格式为 rem(A，n)。其表示矩阵 A 除以 n 后的余数矩阵。若 n = 0，即分母等于零，则输出为与 A 同型的、各元素均为 NaN 的矩阵。

例 5 – 36　求 4 阶魔方矩阵分别除以 1.5 和 1.3 以后的余数。

输入 MATLAB 程序如下：

```
A = magic(4);
x1 = rem(A,1.5);
x2 = rem(A,1.3);
A,x1,x2
```

运行结果

3. 用有理数形式表示矩阵

函数 rat( ) 是用来计算矩阵的有理数形式的，其调用格式为 [B，C] = rat(A)，表示将两个整数矩阵 B 和 C 相除，使其满足 A = B. ／ C。

例 5 – 37　将例 5 – 36 中的余数矩阵 x2 转化为有理数形式表示。

输入 MATLAB 程序如下：

```
[B,C] = rat(x2)
```

运行结果

4. 取整问题

例 5 – 38　用取整函数求一随机矩阵的整数。

输入 MATLAB 程序如下：

```
A = 0.3 + rand(3)
x1 = fix(A);         % 按离 0 近的方向取整
x2 = round(A);       % 按最近的整数取整
x3 = floor(A);       % 按负无穷方向取整
x4 = ceil(A);        % 按正无穷方向取整
x1,x2,x3,x4
```

运行结果

5. 矩阵的翻转

例 5 – 39　对矩阵 $A = \begin{pmatrix} 1 & 2 & 3 \\ 4 & 5 & 6 \\ 7 & 8 & 9 \end{pmatrix}$ 分别进行上下、左右、顺时针 180°、一维和二维翻转。

输入 MATLAB 程序如下：

```
A = [ 1 2 3 ; 4 5 6 ; 7 8 9 ] ;
x1 = flipud(A) ;              % 对矩阵 A 进行上下翻转
x2 = fliplr(A) ;              % 对矩阵 A 进行左右翻转
x3 = rot90(A, -2) ;          % 对矩阵 A 进行顺时针 180°翻转
x4 = flipdim(A,1) ;          % 对矩阵 A 进行一维翻转
x5 = flipdim(A,2) ;          % 对矩阵 A 进行二维翻转
A,x1,x2,x3,x4,x5
```

运行结果

6. 三角函数的求值

例 5 – 40　计算 $\dfrac{\tan17° + \tan43°}{1 - \tan17°\tan43°}$ 的值。

输入 MATLAB 程序如下：

```
A = (tan(pi * 17 / 180) + tan(pi * 43 / 180)) / (1 - tan(pi * 17 / 180) * tan(pi * 43 / 180))
```

运行结果为

```
A =
    1.7321
```

5.4　导数与积分的数值计算

微积分研究函数的局部变化和整体变化，在工程数学中有广泛的应用。极限理论是微积分的基本依据，通过极限分析法和局部线性化来分析和研究微积分，并且研究函数的连续性也需要用极限来定义。

5.4.1　求极限

1. 一元函数的极限

MATLAB 中求极限的函数为 limit()，它的调用格式为

```
limit(f)                     % x 趋近 0 时函数 f(x) 的极限
limit(f,x,x0)                % x 趋近 x0 时函数 f(x) 的极限
limit(f,x,x0,'left')         % x 趋近 x0 时函数 f(x) 的左极限
limit(f,x,x0,'right')        % x 趋近 x0 时函数 f(x) 的右极限
limit(f,x, + inf)            % x 趋近正无穷大时函数 f(x) 的极限
limit(f,x, - inf)            % x 趋近负无穷大时函数 f(x) 的极限
limit(f,x,inf)               % x 趋近无穷大时函数 f(x) 的极限
```

例 5 – 41　求极限 $\lim\limits_{x \to -1} \dfrac{x^2 - 1}{x + 1}$。

输入 MATLAB 程序如下：

```
syms x
f = (x^2 - 1) / (x + 1) ;
```

```
limit(f,x,-1)
```
运行结果为
```
ans =
      -2
```

例5-42　求极限$\lim\limits_{x\to\infty}\left(1+\dfrac{2}{x}\right)^{3x}$。

输入 MATLAB 程序如下：
```
syms x
f = (1 +2/x)^(3 * x);
limit(f,x,inf)
```
运行结果为
```
ans =
      exp(6)
```

2. 二元函数的极限

可以用函数 limit( )的嵌套形式来求二元函数$g(x)$的极限$\lim\limits_{\substack{x\to x_0\\y\to y_0}}f(x,\ y)$。它的调用格式为 limit

(limit(f, x, x0), y, y0)或 limit(limit(f, y, y0), x, x0)。

例5-43　求极限$\lim\limits_{\substack{x\to0\\y\to1}}\arcsin\sqrt{x^2+y^2}$。

输入 MATLAB 程序如下：
```
syms x y
limit(limit(asin(sqrt(x^2 +y^2)),x,0),y,1)
```
运行结果为
```
ans =
      1/2 * pi
```

5.4.2　微分与导数的求解

1. 一元函数求导与微分

求导数的 MATLAB 函数为 diff( )，其调用格式为
```
syms x
diff(f(x),x,n)      % 计算符号函数 f(x)关于 x 的 n 阶导数,n 的默认值为 1
```
例5-44　求函数$y=\dfrac{x}{\sqrt{1+x^2}}$的一阶导数。

输入 MATLAB 程序如下：
```
syms x
f = x/(1 +x^2)^(1/2);
d = diff(f,1)
```
运行结果为
```
d =
      1/(1 +x^2)^(1/2) -x^2/(1 +x^2)^(3/2)
```

例 5 – 45 求函数 $y = e^x \cos(2x)$ 的 1～3 阶导数。

输入 MATLAB 程序如下：

```
syms x
f = exp(x) * cos(2 * x);
d1 = diff(f,1);
d2 = diff(f,2);
d3 = diff(f,3);
d1,d2,d3
```

运行结果

例 5 – 46 计算函数 $y = 2x^2 - 3x + 7$ 在区间 $[-1\ 1]$ 上的微分。

输入 MATLAB 程序如下：

```
x = [ -1:0.1:1];
c = [2  -3 7];
y = polyval(c,x);
d = diff(y)./diff(x);
plot(x,y,x(2:end),d,'--')
```

运行结果

% 微分值比对应的函数值少 1，所以取 x(2:end)

图中，实线表示原函数，虚线表示函数的微分。

2. 隐函数的导数

隐函数求导的 MATLAB 语句为

```
-diff(z,x)/diff(z,y)      % 求隐函数 z = f(x,y) 的导数
diff(y,t)/diff(x,t)       % 求参数方程所确定的导数
```

例 5 – 47 已知参数方程 $\begin{cases} x = a\cos t \\ y = b\sin t \end{cases}$ 所确定的函数 $y = y(x)$，求 $\dfrac{dy}{dx}$。

输入 MATLAB 程序如下：

```
syms a b t
dxdt = diff(a * cos(t));
dydt = diff(b * sin(t));
dydx = dydt / dxdt
```

运行结果为

```
dydx =
    -b * cos(t)/a/sin(t)
```

3. 二元函数的偏导数

多元函数的自变量不止一个，如果研究多元函数关于一个自变量的变化率，即一个自变量变化而其他自变量保持不变，这时函数 $z = f(x, y)$ 可以看成 x 的一元函数，对 x 求导称为二元函数 z 对 x 的偏导数，记为 $\dfrac{\partial z}{\partial x}$。求偏导数的 MATLAB 语句为

```
diff(f,x,n)               % 对函数 f(x,y) 求变量 x 的 n 阶偏导数
maple('implicitdiff(f(u,x,y,z,…) = 0,u,x)')   % 求多元隐函数的偏导数 ∂u/∂x
```

例 5 – 48　求函数 $z = x^3 y - 3x^2 y^3$ 的二阶偏导数。

输入 MATLAB 程序如下：

```
syms x y
z = x^3 * y - 3 * x^2 * y^3;
dzdxx = diff(z,x,2);              % 求 ∂²z/∂x²
dzdxy = diff(diff(z,x),y);        % 求 ∂²z/∂x∂y
dzdyy = diff(z,y,2);              % 求 ∂²z/∂y²
dzdyx = diff(diff(z,y),x);        % 求 ∂²z/∂y∂x
dzdxx,dzdxy,dzdyy,dzdyx
```

运行结果

例 5 – 49　求函数 $z = x^2 + 2xy - y^2$ 在点 $(1，3)$ 处 x 和 y 的偏导数。

输入 MATLAB 程序如下：

```
syms x y
z = x^2 + 2 * x * y - y^2;
dx = diff(z,x);
dy = diff(z,y);
zx = inline(dx);
zy = inline(dy);
zx = zx(1,3);
zy = zy(1,3);
zx,zy
```

运行结果为

```
zx =
      8
zy =
    - 4
```

4. 函数的极值

设函数 $f(x)$ 在 x_0 的某邻域内有定义，如果对于该邻域内任意 x 都有 $f(x) \leqslant f(x_0)$，则称 $f(x_0)$ 为 $f(x)$ 的极大值，x_0 为极大值点；如果对于该邻域内任意 x 都有 $f(x) \geqslant f(x_0)$，则称 $f(x_0)$ 为 $f(x)$ 的极小值，x_0 为极小值点。

求极值的 MATLAB 函数为 fminbnd( )，其调用格式为

```
[x,y] = fminbnd(f,a,b)            % 返回函数 f 在[a,b]内的极小值
[x,y] = fminbnd(f,x0)             % 返回函数 f 在 x0 附近的极小值
```

例 5 – 50　求函数 $f(x) = \dfrac{1}{3}x^3 - \dfrac{5}{2}x^2 + 4x$ 在区间 $[0，5]$ 内的极大值和极小值。

输入 MATLAB 程序如下：

```
ezplot('(1/3) * x^3 - (5/2) * x^2 + 4 * x',[0,5])
grid
```

```
f = ('(1/3) * x^3 - (5/2) * x^2 + 4 * x');
f1 = ('-((1/3) * x^3 - (5/2) * x^2 + 4 * x)');
[xmin,ymin] = fminbnd(f,0,5);
[x,y] = fminbnd(f1,0,5);
xmax = x;
ymax = -y;
xmin,ymin,xmax,ymax
```

运行结果　　函数的极大值
　　　　　　　和极小值

还可以通过判断函数的二阶导数的正负来求原函数的极大值和极小值。若二阶导数小于0，则该点为极大值点；若二阶导数大于0，则该点为极小值点。

又如，例 5 - 50 中的 MATLAB 程序还可以编写如下：

```
syms x
y = (1/3) * x^3 - (5/2) * x^2 + 4 * x;
f1 = diff(y,x);
x0 = solve(f1)
```

运行结果为

```
x0 =
     4
     1
```

即 $f(x)$ 的驻点为 $x_1 = 4$，$x_2 = 1$。

在命令窗口中输入以下语句：

```
>> f2 = diff(f1,x);
>> ff = inline(f2);
>> ff(x0)
```

运行结果为

```
ans =
      3
     -3
```

可见，函数 $f(x)$ 在 $x_1 = 4$ 处的二阶导数为 3，所以为极小值；在 $x_2 = 1$ 处的二阶导数为 - 3，所以为极大值。

5.4.3　积分的数值计算

积分分为不定积分和定积分。

1. 不定积分

计算不定积分的函数为 int( )，其调用格式为

```
int(f)                    % 求函数 f(x)关于符号变量的不定积分
int(f,x)                  % 求函数 f(x)关于自变量 x 的不定积分
```

例 5 - 51　计算 $\int x^a \mathrm{d}x$。

输入 MATLAB 程序如下：

```
syms x a
```

```
int(x^a,x)
```
运行结果为
```
ans =
      x^(a+1)/(a+1)
```

2. 定积分

定积分 $\int_a^b f(x)\mathrm{d}x$ 的几何意义是：函数 $y = f(x)$、$x = a$、$x = b$ 和 x 轴所围成的曲边梯形的面积。求解这个曲边梯形的面积，通常将积分区间 $[a, b]$ 分成若干子区间，可以近似认为各子区间为矩形，分别求出各子区间的面积，再求和。子区间划分的数目越多，总面积越接近曲边梯形的面积。

计算定积分可以用梯形法、低阶自适应 Simpson 法、高阶自适应 Lobatto 法和牛顿–柯特斯法等，函数分别为 trapz( )、quad( )、quadl( ) 和 quad8( )，也可以用 int( ) 函数计算，其调用格式分别为

```
int(f,x,a,b)                    % 求函数 f(x)关于变量 x 在区间[a,b]的积分
trapz(f,x)                      % 用梯形法求 f(x)对 x 的数值积分
[m,n]=quad(f,a,b,tol,trace,p1,p2,…)   % 用 Simpson 法求函数 f(x)的积分
[m,n]=quadl(f,a,b,tol,trace,p1,p2…)  % 用 Lobatto 法求函数 f(x)的积分
[m,n]=quad8(f,a,b,tol,trace)    % 牛顿–柯特斯法求函数 f(x)的积分
```

其中在第 3 个语句中，f 表示函数的表达式；a、b 表示积分的上、下限；tol 表示误差，默认 tol = 0.001；trace 控制递推过程，当 trace 为非零时，显示递推过程数据表，当 trace = 0 时，则不显示，默认 trace = 0；p1，p2，…表示向 f(x) 传递的参数；m 表示返回的积分数值；n 表示积分计算的次数。

quad8( ) 函数比 quad( ) 函数更加精确，因为 tol 的默认值为 1×10^{-6}。

例 5 – 52　计算 $\int_0^\pi \sin x\mathrm{d}x$。

输入 MATLAB 程序如下：
```
x=0:pi/100:pi;
y=sin(x);
z=trapz(x,y)
```
运行结果为
```
z =
    1.9998
```
也可以用 quad( ) 函数或 quad8( ) 函数来计算，输入 MATLAB 程序如下：
```
f=inline('sin(x)');
[m,n]=quad(f,0,pi);
[p,q]=quadl(f,0,pi);
m,n,p,q
```
m 和 p 分别为用 Simpson 法和 Lobatto 法求得的积分值。

运行结果

3. 定积分的几何应用

例 5 – 53 求抛物线 $2y^2 = x$ 与直线 $x - 2y - 4 = 0$ 所围成图形的面积。

输入 MATLAB 程序如下：

```
syms x y
x = 0:0.1:9;
plot(x,(1/2) * x - 2,'b',x,sqrt(1/2 * x),'r',x, - sqrt(1/2 * x),'r')
text(0.3,0,'x - 2 * y^2 = 0')
text(5,0,'x - 2 * y - 4 = 0')
[x,y] = solve('2 * y^2 = x','x - 2 * y = 4')
                      % 解出两图形的交点坐标
syms y
int(2 * y + 4 - 2 * y^2,y, - 1,2)
                      % 计算积分值,即所求面积
```

运行结果

围成图形

抛物线与直线所围成的图形的面积为 9。

例 5 – 54 求心形线 $r = 2(1 + \cos\theta)$ 所围成图形的面积。

输入 MATLAB 程序如下：

```
syms f
x = 0:0.05:2 * pi;
f = 2 * (1 + cos(x));
polar(x,f,'b');
syms x s
s = int(1/2 * (2 * (1 + cos(x)))^2,x,0,(5/6) * pi);   % 求上半部扇形的面积
s = s + s                                             % 面积为上下两部分和
```

运行结果

心形线

例 5 – 55 求椭圆 $\dfrac{x^2}{4} + \dfrac{y^2}{9} = 1$ 绕 x 轴一周而成的旋转椭球体的体积。

输入 MATLAB 程序如下：

```
x = -2:0.01:2;
y = (9 - 9/4 * x.^2).^(1/2);
ezplot('(9 - 9/4 * x^2)^(1/2)',[ - 2,2])
syms x
v = int('pi * (9 - 9/4 * x^2)',x, -2,2)
```

运行结果

绘制的椭圆

4. 二重积分

二重积分表达式为 $\iint\limits_{D} f(x,y)\mathrm{d}\delta = \int_{y_{\min}}^{y_{\max}} \int_{x_{\min}}^{x_{\max}} f(x,y)\mathrm{d}x\mathrm{d}y$ ，其中，$f(x, y)$ 是被积函数；x 为内积分变量，y 为外积分变量；$[x_{\min}, x_{\max}]$ 为内积分变量上、下限，$[y_{\min}, y_{\max}]$ 为外积分变量上、下限。

在 MATLAB 中，可以用 int( ) 函数的嵌套求解二重积分，也可以用二重积分函数 dblquad( ) 和三重积分函数 triplequad( ) 求多重积分。其调用格式分别为

```
int(int(f,x,xmin,xmax),y,ymin,ymax)
dblquad(f,xmin,xmax,ymin,ymax,tol,method)      % 求二重积分
triplequad(f,xmin,xmax,ymin,ymax,tol,method)   % 求三重积分
```

其中，在第2个语句中，f 表示被积函数；xmin、xmax、ymin、ymax 表示积分区域；tol 为允许误差，默认值为 1×10^{-6}；method 的有效值为@ quad 或用户指定的求积法的函数句柄，该句柄与 quad( ) 和 quadl( ) 具有相同的调用顺序。

例 5 - 56   计算二重积分 $\iint\limits_{D} xy \mathrm{d}\delta$，其中 D 是由直线 $y = x - 2$ 和抛物线 $y^2 = x$ 所围成的平面区域。

输入 MATLAB 程序如下：

```
syms x y
y1 = y - x + 2;
y2 = y^2 - x;
s = solve(y1,y2);
a0 = double([s.x s.y])          % 两曲线的交点坐标
ezplot(y1,[0,4,-1,2])
hold on
ezplot(y2,[0,4,-1,2])
text(1,1,'y^2 = x')
text(2.5,0.5,'y = x - 2')
text(3.5,1.8,'(4,2)')
text(0.9,-0.8,'(1,-1)')
Area = int(int(x * y,y^2,y + 2),y,-1,2)          % 平面区域面积,即所求积分
```

运行结果

两条曲线所围成的平面区域

5.4.4   级数的求和

1. 级数收敛的判别法

(1) 正项级数 $\sum\limits_{n=1}^{\infty} u_n$ 收敛的充要条件为：它的前 n 项和所构成的数列有上界，即 $\lim\limits_{n \to \infty} u_n = 0$。

绝对收敛和条件收敛：若级数 $\sum\limits_{n=1}^{\infty} |u_n|$ 收敛，可知 $\sum\limits_{n=1}^{\infty} u_n$ 必收敛，则称级数 $\sum\limits_{n=1}^{\infty} u_n$ 绝对收敛；若级数 $\sum\limits_{n=1}^{\infty} |u_n|$ 发散，而级数 $\sum\limits_{n=1}^{\infty} u_n$ 收敛，则称级数 $\sum\limits_{n=1}^{\infty} u_n$ 条件收敛。

(2) 比较判别法：设有两个级数 $\sum\limits_{n=1}^{\infty} u_n$ 与 $\sum\limits_{n=1}^{\infty} v_n$，$u_n \leqslant v_n (n = 1, 2, \cdots)$，如果 $\sum\limits_{n=1}^{\infty} v_n$ 收敛，则 $\sum\limits_{n=1}^{\infty} u_n$ 也收敛；如果 $\sum\limits_{n=1}^{\infty} u_n$ 发散，则 $\sum\limits_{n=1}^{\infty} v_n$ 也发散。

(3) 比值判别法：又称达朗贝尔判别法，若正项级数 $\sum\limits_{n=1}^{\infty} u_n$ 满足 $\lim\limits_{n \to \infty} \dfrac{u_{n+1}}{u_n} = \rho$，当 $\rho < 1$ 时，$\sum\limits_{n=1}^{\infty} u_n$ 收敛；当 $\rho > 1$ 时，$\sum\limits_{n=1}^{\infty} u_n$ 发散，且此时 $\lim\limits_{n \to \infty} u_n \neq 0$；当 $\rho = 1$ 时，$\sum\limits_{n=1}^{\infty} u_n$ 可能发散，也可能收敛，此时不能用比值判别法。

例 5 - 57   判断 $\sum\limits_{n=1}^{\infty} \dfrac{n}{3n + 1}$ 的收敛性。

输入 MATLAB 程序如下：

```
syms n
    limit(n/(3*n+1),inf)
```
运行结果为
```
ans =
    1/3
```
由级数收敛的充要条件可知，该级数极限不为0，因此该级数发散。

例 5-58 用比值判别法判断级数 $\sum\limits_{n=1}^{\infty} \dfrac{3^n}{5^n+4^n}$ 的收敛性。

输入 MATLAB 程序如下：
```
syms n
f=(3^(n+1)/(5^(n+1)-4^(n+1)))/(3^n/(5^n-4^n));
p=limit(f,n,inf)
```
运行结果为
```
p =
    3/5
```
因为 $p<1$，所以该级数收敛。

2. 级数求和

级数求和函数为 symsum( )，其调用格式为
```
symsum(s,t,a,b)                    % 计算表达式 s 中自变量 t 从 a 到 b 的和
```

例 5-59 求级数 $\sum\limits_{n=1}^{\infty} \dfrac{\cos(n\pi)}{10^n}$ 的和。

输入 MATLAB 程序如下：
```
syms n
symsum(cos(n*pi)/10^n,n,1,inf)
```
运行结果为
```
ans =
    -1/11
```

例 5-60 判断级数 $\sum\limits_{n=1}^{\infty}(-1)^{n+1}\dfrac{1}{n^2}$ 和 $\sum\limits_{n=1}^{\infty}(-1)^{n+1}\dfrac{1}{n^{1/2}}$ 是否绝对收敛。

输入 MATLAB 程序如下：
```
syms n
s1=symsum((-1)^(n+1)/n^2,n,1,inf);
s2=symsum((-1)^(n+1)/n^(1/2),n,1,inf);
s1,s2
```

运行结果

说明两个级数的原函数都收敛，再来看原函数的绝对值级数。

在命令窗口中输入以下语句：
```
>> sx1=symsum(1/n^2,n,1,inf);      % 判断第一个级数的绝对值级数
>> sx2=symsum(1/n^(1/2),n,1,inf);  % 判断第二个级数的绝对值级数
>> sx1,sx2
```

运行结果

这说明绝对值级数 $\sum\limits_{n=1}^{\infty}\left|\dfrac{1}{n^2}\right|$ 收敛，绝对值级数 $\sum\limits_{n=1}^{\infty}\left|\dfrac{1}{n^{1/2}}\right|$ 发散，从而说明

级数 $\sum\limits_{n=1}^{\infty} (-1)^{n+1} \dfrac{1}{n^2}$ 为绝对收敛，级数 $\sum\limits_{n=1}^{\infty} (-1)^{n+1} \dfrac{1}{n^{1/2}}$ 为条件收敛。

3. 幂级数

对于幂级数 $\sum\limits_{n=0}^{\infty} a_n x^n\ (a_n \neq 0,\ n = 1, 2, \cdots)$，设 $\lim\limits_{n \to \infty} \left| \dfrac{a_{n+1}}{a_n} \right| = \rho$。若 $\rho \neq 0$，则 $R = 1/\rho$；若 $\rho = 0$，则 $R = +\infty$；若 $\rho = +\infty$，则 $R = 0$。可以用函数 limit( ) 求解，其调用格式为

```
limit(f,n,inf)
```

其中，f 表示 $\left| \dfrac{a_{n+1}}{a_n} \right|$。

MATLAB 求一元泰勒展开式用函数 taylor( )，求多变量函数的泰勒幂级数展开式用 Maple 语言中的 mtaylor( ) 函数。其调用格式为

```
taylor(f(x),n)          % 求函数 f(x) 的 n-1 阶麦克劳林展开式,n 默认为 6
taylor(f(x),n,a)        % 求函数 f(x) 在 x=a 处的 n-1 阶麦克劳林展开式
```

MATLAB 给出了一个泰勒级数计算器，用 taylortool 生成。

例 5-61 求幂级数 $\sum\limits_{n=1}^{\infty} \dfrac{x^n}{n}$ 的收敛半径与收敛区间。

输入 MATLAB 程序如下：

```
syms n
f ='1/(n+1)/(1/n)';
p =limit(f,n,inf);
r =1/p
```

运行结果为

```
r =
    1
```

所以，该幂级数的收敛半径为 1，收敛区间为 $(-R, R)$，即 $(-1, 1)$。

例 5-62 将 e^x 展开为麦克劳林级数。

输入 MATLAB 程序如下：

```
syms x
f =taylor(exp(x),x)
```

运行结果为

```
f =
    1 +x +1/2 *x^2 +1/6 *x^3 +1/24 *x^4 +1/120 *x^5
```

例 5-63 将 $f(x) = \sin x$ 在 $x = 0$ 处展开为 7 阶泰勒展开式。

输入 MATLAB 程序如下：

```
syms x
f =taylor(sin(x),8,0)
```

运行结果为

```
f =
    x -1/6 *x^3 +1/120 *x^5 -1/5040 *x^7
```

例 5 - 64　求 ln 3 的近似值。

输入 MATLAB 程序如下：

```
syms x
y = taylor(log(x + 3),x,10);
x = 0;
y1 = eval(y)
```

运行结果为

```
y1 =
    1.0986
```

例 5 - 65　求函数 $y = x\cos x$ 的泰勒展开式的图形用户界面。

输入如下语句：

```
>> taylortool('x * cos (x)')
```

运行结果

5.4.5　常微分方程

只包含一个自变量的微分方程称为常微分方程。如果有两个或两个以上自变量，并且在方程中出现偏导数，则称此微分方程为偏微分方程。常微分方程的求解分为初值问题和边值问题。

多数常微分方程求解复杂，且无法求得解析解。在实际中，很多情况下只要求获得在某个特定点的数值解。

1. 常微分方程的解析解

MATLAB 中求常微分方程解析解的函数为 dsolve( )，其调用格式为

```
dsolve(f1,f2,…,fi,'x')          % 求微分方程的通解
```

其中，参量 fi 用于描述常微分方程，使用 Dy 代表一阶微分项，D2y 代表 2 阶微分项，D3y 代表 3 阶微分项，…，Diy 代表 i 阶微分项；'x'表示微分方程的自变量。

```
dsolve(f1,f2,…,fi,f0,'x')       % 求微分方程的特解
```

其中，f0 表示初始条件。

例 5 - 66　求微分方程 $y^{(1)}\cos x - y\sin x = 1$ 的通解，并求满足初值条件 $y(0) = 0$ 的特解。

输入 MATLAB 程序如下：

```
to = dsolve('Dy * cos (x) - y * sin(x) = 1','x');   % 求微分方程的通解
te = dsolve('Dy * cos (x) - y * sin(x) = 1','y(0) = 0','x');
                                % 求微分方程的特解
to,te
```

运行结果

例 5 - 67　求微分方程 $y'' = \dfrac{2x}{1 + x^2}y'$ 满足初值条件 $y(0) = 1$，$y'(0) = 3$ 的特解。

输入 MATLAB 程序如下：

```
te = dsolve('D2y = 2 * x/(1 + x^2) * Dy','y(0) = 1','Dy(0) = 3','x')
```

2. 常微分方程的初值

求常微分方程的初值可以用以下函数，如表 5 - 5 所示。

运行结果

表 5 – 5　求常微分方程的初值的函数

函数	算法	类型
ode45( )	4、5 阶 Runge – Kutta	非刚性
ode23( )	2、3 阶 Runge – Kutta	非刚性
ode113( )	Adams 算法	非刚性
ode15s( )	Gear's 反向数值微分	适度刚性
ode23s( )	2 阶 Rosebrock 算法	刚性
ode23t( )	梯形算法	刚性
ode23tb( )	梯形算法	刚性
ode15i( )	BDFs	全隐式

刚性指其雅可比行列式的特征值相差很远，表现为部分解变化缓慢，而另一部分解变化迅速，这类方程称为刚性方程。刚性方程与非刚性方程对解法中步长的选取要求不同，如 ode45( ) 函数是大部分场合的首选，但刚性方程一般不适合用 ode45( ) 函数求解。

例 5 – 68　微分方程 $y' = y + 2x - 1$ 满足初值条件 $y(0) = 1$，求 $\boldsymbol{x} = [0, 0.1, 0.2, 0.3, 0.4, 0.5, 0.6, 0.7, 0.8, 0.9, 1]$ 时的向量 $\boldsymbol{y}$。

输入 MATLAB 程序如下：

```
% 先创建一个名为 fun.m 的 M 文件
function dy = fun(x,y)
dy = y + 5 * x + 4;
end
```

运行结果

在命令窗口中调用该 M 文件，输入以下语句：

```
>>[x,y] = ode45('fun',[0:0.1:1],1);
>>x1 = x',y1 = y'
```

再求微分方程的解析解，在命令窗口中输入以下语句：

```
>> s = dsolve('Dy = y + 5 * x + 4','y(0) = 1','x');
>>s,y2 = ( - 5 * x - 9 + 10 * exp(x))'
```

运行结果

再输入以下语句：

```
>>plot(x,y1,'*')
>>hold on
>>plot(x,y2,'ro')
```

由最终的运行结果可知，y1 与 y2 的解完全相同。

运行结果

5.5　多项式运算

多项式是一种解析函数模型，在工程及科学分析领域运用比较广泛。其标准形式为 $P(x) = a_n x^n + a_{n-1} x^{n-1} + \cdots + a_1 x + a_0$，用 MATLAB 表示多项式的系数向量，并按降序排列，对没有阶数的系数用 0 填补。例如，表示 $P(x)$ 为 $P = [a_n, a_{n-1}, \cdots, a_1, a_0]$。

例 5 - 69 用 MATLAB 表示多项式 $3x^3 + 5x^2 - x + 7$。

输入 MATLAB 程序如下：

```
P = [3,5, -1,7]
```

运行结果为

```
P =
    3    5    -1    7
```

5.5.1 多项式基本运算

多项式的加、减运算与向量的加、减运算相似，即将相同阶数的各对应元素相加、减。两个多项式 $f(x)$ 与 $g(x)$ 相乘是一个卷积的过程，在 MATLAB 中计算卷积的函数为 conv( )，其调用格式为

```
c = conv(f,g)
```

其中，f 和 g 分别表示多项式 $f(x)$ 和 $g(x)$ 的系数向量。两个多项式相除是反卷积的过程，可以用 deconv( ) 函数来计算，其调用格式为

```
[a,b] = deconv(f,g)
```

其中，a、b 分别表示反卷积的商和余数。

例 5 - 70 已知多项式 $f(x) = 4x^3 - 7x^2 + 3x + 1$，$g(x) = 2x^3 + x^2 + 3x + 6$。计算 $f(x)g(x)$ 和 $f(x)/g(x)$。

输入 MATLAB 程序如下：

```
f = [4 -7 3 1];
g = [2 1 3 6];
c = conv(f,g);
[a,b] = deconv(f,g);
c,a,b
```

运行结果

5.5.2 多项式求值

多项式在 $x = a$ 处的取值可以用函数 polyval( ) 和 polyvalm( ) 求得，其调用格式为

```
y = polyval(f,A)
```

polyvalm( ) 函数是对整个矩阵进行运算，且矩阵只能是方阵。

例 5 - 71 已知多项式 $f(x) = 4x^3 - 7x^2 + 3x + 1$，求其在 $x = 2$、$x = [1\ 2\ 3]$ 和 $x = \begin{pmatrix} 1 & 2 \\ 3 & 4 \end{pmatrix}$ 处的取值。

输入 MATLAB 程序如下：

```
f = [4 -7 3 1];
x1 = 2;
x2 = [1 2 3];
x3 = [1 2;3 4];
```

运行结果

```
y1 = polyval(f,x1);
y2 = polyval(f,x2);
y3 = polyval(f,x3);
y1,y2,y3
```

5.5.3 多项式求根

多项式的根是多项式等于 0 时的解，可以用函数 roots( )求其近似根。其调用格式为

x = roots(p)

也可以用函数 fzero( )求解。其基本语法格式为

f = inline('多项式')

fzero(f,[a,b])　　　　　　　　　　% 求 f(x)在区间[a,b]内的零点

fzero(f,x0)　　　　　　　　　　　% 求 f(x)在 x0 附近的零点

例 5 – 72　求多项式 $\frac{1}{2}x^2 + 4x + 6$ 的根。

输入 MATLAB 程序如下：

```
p = [1/2 4 6];
roots(p)
syms x
ezplot('0.5 * x^2 + 4 * x + 6',[ -10,2])   % 绘制函数的图像
title('0.5 * x^2 + 4 * x + 6 = 0')
grid
```

运行结果

函数 $y = \frac{1}{2}x^2 + 4x + 6$ 的图像

例 5 – 73　求一元五次多项式 $x^5 + x^4 - 5x^3 + 2x^2 - 3x - 7$ 的根。

输入 MATLAB 程序如下：

```
f = inline('x^5 + x^4 - 5 * x^3 + 2 * x^2 - 3 * x - 7');
p = [1 1 -5 2 -3 -7];
x1 = fzero(f,[ -10,10]);
x2 = roots(p);
x1,x2
syms x
ezplot('x^5 + x^4 - 5 * x^3 + 2 * x^2 - 3 * x - 7')   % 绘制该方程相应的图像
title('x^5 + x^4 - 5 * x^3 + 2 * x^2 - 3 * x - 7 = 0')
grid
```

运行结果

用函数 fzero( )不能保证得到多项式的根，例如，对于例 5 – 72 用fzero( )就不能解出多项式的根，而函数 roots( )可以得到多项式的所有根，包括复数根。

绘制的函数图像

5.5.4 多项式求导

函数 $p(x) = a_n x^n + a_{n-1}x^{n-1} + \cdots + a_1 x + a_0$ 的一阶微分为 $dp(x) = na_n x^{n-1} + (n-1)a_{n-1}x^{n-2} + \cdots +$

a_1，有$n-1$阶，其微分多项式的系数向量为$\mathrm{d}\boldsymbol{p}=[na_n,\ (n-1)\ a_{n-1},\ \cdots,\ a_1]$。

MATLAB 中对多项式求导的函数为 polyder( )，其调用格式为

```
dp = polyder(p)          % p 和 dp 分别为多项式和微分多项式的系数向量
dp = polyder(p1,p2)      % 求两个多项式积的微分
[a,b] = polyder(p1,p2)   % 求两个多项式商的微分
```

例 5 – 74 已知函数$f(x)=4x^3-7x^2+3x+1$，$g(x)=2x^3+x^2+3x+6$，分别计算$f(x)$、$g(x)$、$f(x)g(x)$和$f(x)/g(x)$的微分。

输入 MATLAB 程序如下：

```
f = [4 -7 3 1];
g = [2 1 3 6];
df = polyder(f);
dg = polyder(g);
dfg = polyder(f,g);
[a,b] = polyder(f,g);
df,dg,dfg,a,b
```

运行结果

5.5.5 方阵的特征多项式

n 阶方阵 $\boldsymbol{A}$ 的特征多项式为$|\lambda\boldsymbol{E}-\boldsymbol{A}|$。其中，$\boldsymbol{E}$ 为 n 阶单位矩阵，满足$|\lambda\boldsymbol{E}-\boldsymbol{A}|=0$的$\lambda$是多项式$|\lambda\boldsymbol{E}-\boldsymbol{A}|$的根。

MATLAB 中用函数 poly( ) 计算 n 阶方阵的特征多项式，其调用格式为

```
a = poly(A)          % a 的长度为 n+1,函数 poly() 是函数 factor() 的逆过程
```

例 5 – 75 求函数$f(x)=(x-1)(x-2)(x-3)$的展开式。

【分析】

$f(x)=0$的根为$x_1=1$，$x_2=2$，$x_3=3$，所以$f(x)$可以看成对角矩阵$\boldsymbol{F}=\begin{pmatrix}1&0&0\\0&2&0\\0&0&3\end{pmatrix}$的特征多项式。

输入 MATLAB 程序如下：

```
f = diag([1 2 3]);
a = poly(f);
f,a
```

运行结果

5.5.6 分式的部分展开

多项式$\dfrac{f(x)}{g(x)}$可以部分展开为$\dfrac{f(x)}{g(x)}=\dfrac{s_1}{x-t_1}+\dfrac{s_2}{x-t_2}+\cdots+\dfrac{s_n}{x-t_n}+k(x)$，这在信号与系统以及自动控制领域有着重要的应用。MATLAB 中函数 residue( ) 可以用来求多项式的部分展开。其调用格式为

```
[s,t,k] = residue(f,g)
```

其中 s 对应$[s_1,\ s_2,\ \cdots,\ s_n]$；t 对应$[t_1,\ t_2,\ \cdots,\ t_n]$；k 对应$k(x)$。

例 5-76 计算函数 $\dfrac{f(x)}{g(x)} = \dfrac{x^4 - 3x^3 - 4x^2 - 20x + 86}{x^3 - 5x^2 - 2x + 24}$ 的展开式。

输入 MATLAB 程序如下：

```
f = [1 -3 -4 -20 86];
g = [1 -5 -2 24];
[s,t,k] = residue(f,g)
```

因此，该函数的展开式为 $\dfrac{1}{x-4} + \dfrac{2}{x-3} + \dfrac{5}{x+2} + x + 2$。

函数 residue( ) 也可以用来求上述多项式展开的逆过程，即在命令窗口中输入以下语句：

```
>>s = [1 2 5];
>>t = [4 3 -2];
>>k = [1 2];
>>[f,g] = residue(s,t,k)
```

运行结果

运行结果

5.6 插值与拟合

在实际的生产过程和科学计算中，有些函数不能准确地写出其解析式，只能获得一些离散的数据。因此，只能通过离散数据采样点近似得到连续函数关系，这个过程就是插值或拟合，用这个连续函数就可以求出任意位置处的函数值。

由离散数据获得连续函数的方法有插值和拟合两种。当测量的离散值精确时，一般用插值建立函数；当测量值与真实值有一定的误差时，一般用拟合曲线。

5.6.1 插值

MATLAB 中的插值函数有一维插值函数 interp1( )、二维插值函数 interp2( )、三维插值函数 interp3( ) 和 n 维插值函数 interpn( )，一维插值函数调用格式为

```
interp1(x,y,xi,'method')
```

其中，x 和 y 是已知的样本数据点；xi 为要内插的数据点，xi 的取值范围不能超出 x 的给定范围，否则系统会给出错误提示；'method' 是内插的方法，可以是 'nearest' 'linear' 'spline' 或 'cubic' ('pchip')，系统默认为 'linear'。

nearest 为最近项插值，待插值点取值和与它最近的已知点相同。

linear 为线性插值，将相邻的两个已知点用直线连接，两点之间的插值点落在此直线上。

spline 为三次样条插值，在相邻已知数据点之间建立三次多项式函数，待插值数据点在该多项式中。

cubic（pchip）为立方插值，即利用 pchip( ) 函数分段进行 3 次厄米特（Hermite）插值。

例 5-77 已知样本数据点 x = 0:10，y = sin x，求 xi = 0:0.1:10 之间的插值图像。

输入 MATLAB 程序如下：

```
x = 0:10;
y = sin(x);
xi = 0:0.1:10;
y1 = interp1(x,y,xi);          % 线性插值
```

```
y2 = interp1(x,y,xi,'nearnest');        % 最近项插值
y3 = interp1(x,y,xi,'spline');          % 样条插值
y4 = interp1(x,y,xi,'cubic');           % 立方插值
plot(xi,y1)                             % 绘制线性插值曲线为蓝色
hold on
plot(xi,y2,'-r')                        % 绘制最近项插值曲线为红色实线
plot(xi,y3,'*k')                        % 绘制样条插值曲线为"*"形黑色
plot(xi,y4,'sg')                        % 绘制立方插值曲线为正方形绿色
```

由运行结果可知，'nearnest'（实线）为直角折线，效果不佳；'linear'（折线）为分段线性，效果较好；'spline'（"*"形）和'cubic'（正方形）曲线平滑，效果最好。

运行结果

二维插值函数的调用格式为

```
interp2(x,y,z,xi,yi,'method')
```

其中，x、y、z大小相等，z元素是采样点上的函数值。

例 5 - 78   利用二维插值函数绘制 peaks( )函数精细图。

输入 MATLAB 程序如下：

```
x = -3:0.5:3;
y = x;
[x,y] = meshgrid(x,y);
z = peaks(x,y);
mesh(x,y,z)
```

运行结果

利用二维插值函数，再输入以下语句：

```
xi = linspace(-3,3,300);
yi = xi;
[xi,yi] = meshgrid(xi,yi);
zi = interp2(x,y,z,xi,yi,'cubic');
mesh(xi,yi,zi)
```

绘制的 **peaks**( )

函数精细图

5.6.2 拟合

曲线的拟合是画一条曲线，该曲线在某种准则下与样本数据最为接近，但不一定过所有的样本数据点，最常用的准则是最小二乘准则。MATLAB 中的拟合函数为 ployfit( )，其调用格式为

```
polyfit(x,y,n)
```

其中，x 和 y 是已知样本数据点；n 是拟合多项式的阶数。

例 5 - 79   对例 5 - 77 中的 x 和 y 进行 1 ~ 3 阶多项式拟合。

输入 MATLAB 程序如下：

```
x = 0:10;
y = sin(x);
z1 = polyfit(x,y,1);
z2 = polyfit(x,y,2);
z3 = polyfit(x,y,3);
```

运行结果

z1,z2,z3

再绘制拟合图像，输入 MATLAB 程序如下：

```
xi = -1:0.1:11;
y1 = polyval(z1,xi);
y2 = polyval(z2,xi);
y3 = polyval(z3,xi);
plot(xi,y1)
plot(xi,y2,'*k')
plot(xi,y1)
hold on
plot(xi,y2,'*k')
plot(xi,y3,'-r')
```

运行结果

习　题　5

5-1　计算行列式 $D = \begin{vmatrix} 1 & 2 & -4 \\ 3 & 5 & 7 \\ 6 & -1 & -8 \end{vmatrix}$ 的值。

5-2　求矩阵 $A = \begin{pmatrix} 1 & 3 & -1 & 0 \\ 3 & 0 & 8 & 7 \\ 7 & 1 & 3 & -2 \\ 4 & 5 & 9 & 6 \end{pmatrix}$ 的秩。

5-3　求解方程组 $\begin{cases} x_1 - x_2 + x_3 - x_4 = 4 \\ -x_1 - 6x_2 + x_3 - x_4 = 1 \\ 2x_1 - 2x_2 - x_3 + x_4 = 1 \end{cases}$。

5-4　求矩阵 $A = \begin{pmatrix} 3 & 1 & -1 & 2 \\ -5 & 1 & 3 & -4 \\ 2 & 0 & 1 & -1 \\ 1 & -5 & 3 & -3 \end{pmatrix}$ 的行最简形矩阵和逆矩阵。

5-5　已知矩阵 $A = \begin{pmatrix} 1 & 3 \\ 2 & 0 \\ 3 & 1 \end{pmatrix}$，$B = \begin{pmatrix} 2 & 1 \\ 5 & 3 \end{pmatrix}$，求 AB。

5-6　在同一窗口中绘制函数 $y = \sin x$ 和 $y = \tan x$ 的图像。

5-7　求极限 $\lim\limits_{x \to 2} \dfrac{x^2 - x + 4}{2x + 1}$。

5-8　求函数 $y = x\ln x - x$ 的 1~3 阶导数。

5-9　求函数 $z = x^2 \ln(x^2 + y^2)$ 的一阶偏导数。

5-10　计算 $\int (3x - 2)^5 \mathrm{d}x$。

5-11　计算 $\int_1^4 (x^2 + 1) \mathrm{d}x$。

5 – 12　求圆 $r = 4\cos\theta$ 和双曲线 $r = 1 + \cos\theta$ 所围成图形的面积。

5 – 13　判断级数 $\displaystyle\sum_{n=1}^{\infty}\frac{1}{(2n+3)^2}$ 的收敛性。

5 – 14　求微分方程 $y(1 - x^2)\mathrm{d}y + x(1 + y^2)\mathrm{d}x = 0$ 的通解。

5 – 15　已知函数 $f(x) = 5x^3 + x^2 - 3x + 1$，$g(x) = x^3 - 2x^2 + 3x + 6$，分别计算 $f(x)$、$g(x)$、$f(x)g(x)$ 和 $f(x) / g(x)$ 的微分。

第6章

MATLAB 在电路中的应用

MATLAB 最基本的功能是进行矩阵运算，而电路理论中以基尔霍夫定律、支路电流法、网孔电流法以及节点电压法列写的方程组均可以用矩阵形式表示，因此，应用 MATLAB 语言编程对电路进行辅助计算和分析，将大大地提高电路分析的计算精度和工作效率。

6.1 电阻电路

6.1.1 一般电阻电路

例 6 - 1　用网孔电流法计算电阻电路。

电路如图 6 - 1 所示，已知：$R_1 = 60\ \Omega$，$R_2 = 20\ \Omega$，$R_3 = R_4 = 40\ \Omega$，$u_{s1} = 180\ V$，$u_{s2} = 70\ V$，$u_{s4} = 20\ V$，求各支路电流 I_a、I_b、I_c 和 I_d。

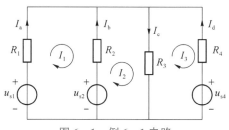

[分析]

图 6 - 1　例 6 - 1 电路

输入 MATLAB 程序如下：
```
R1 = 60;R2 = 20;R3 = 40;R4 = 40;us1 = 180;us2 = 70;us4 = 20;    % 设定给定参数
a11 = R1 + R2;a12 = - R2;a13 = 0;
a21 = - R2;a22 = R2 + R3;a23 = - R3;
a31 = 0;a32 = - R3;a33 = R3 + R4;
A = [a11 a12 a13;a21 a22 a23;a31 a32 a33];            % 网孔电流方程的矩阵系数
```

```
us =[us1 -us2;us2; -us4];
I = A \us;                                    % 求解网孔电流
display('网孔电流(A)为:')
I1 = I(1),I2 = I(2),I3 = I(3)
display('各支路电流(A)为:')
Ia = I1,Ib = -I1 + I2,Ic = I2 - I3,Id = -I3
```

即各支路电流为 $I_a = 2$ A、$I_b = 0.5$ A、$I_c = 1.5$ A 和 $I_d = -1$ A。

例 6 - 2　用节点电压法计算电阻电路。

运行结果

电路如图 6 - 2 所示，已知：$R_1 = 5$ Ω，$R_2 = 3$ Ω，$R_3 = 4$ Ω，$R_4 = 8$ Ω，$R_5 = 10$ Ω，$R_6 = 7$ Ω，$R_7 = 2$ Ω，$R_8 = 5$ Ω，$u_{s3} = 20$ V，$i_{s4} = 10$ A，$u_{s7} = 10$ V。求 R_2 两端的电压 u_{23}。

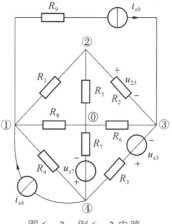

图 6 - 2　例 6 - 2 电路

[分析]

输入 MATLAB 程序如下：

```
clear all
R1 =5;R2 =3;R3 =4;R4 =8;R5 =10;R6 =7;R7 =2;R8 =5;              % 给电阻赋值
is4 =10;is9 =10;us3 =20;us7 =10;                               % 给电源赋值
a11 =1 / R1 +1 / R4 +1 / R8;a12 = -1 / R1;a13 =0;a14 = -1 / R4;
a21 = -1 / R1;a22 =1 / R1 +1 / R2 +1 / R5;a23 = -1 / R2;a24 =0;
a31 =0;a32 = -1 / R2;a33 =1 / R2 +1 / R3 +1 / R6;a34 = -1 / R3;
a41 = -1 / R4;a42 =0;a43 = -1 / R3;a44 =1 / R3 +1 / R4 +1 / R7;
A =[a11 a12 a13 a14;a21 a22 a23 a24;a31 a32 a33 a34;a41 a42 a43 a44];
is =[is4 - is9;0;is9 - us3 / R3; - is4 + us7 / R7 + us3 / R3];
u = A \is;                                                    % 计算节点电压
display('节点电压(V)为:')
un1 = u(1),un2 = u(2),un3 = u(3),un4 = u(4)
display('R2 两端的电压(V)为:')
u23 = un2 - un3
```

6.1.2　含受控源的电阻电路

运行结果

例 6 - 3　含受控源的电阻电路计算。

图 6-3 所示为含受控源的电阻电路，设 $R_1 = 12\ \Omega$，$R_2 = 18\ \Omega$，$R_3 = 8\ \Omega$，$u_s = 10\ \text{V}$，$i_s = 6\ \text{A}$。求电路中的电压 U、电流 I 及电压源 u_s 发出的功率。

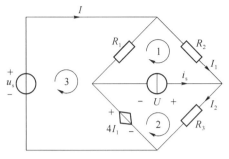

[分析]

图 6-3　例 6-3 电路

输入 MATLAB 程序如下：

```
clear all
R1 = 12;R2 = 18;R3 = 8;is = 6;us = 20;
A = [30 -12 1;4 0 -1; -8 12 0];
u = [0; -48;20];
IU = A\u;
disp('电流 I(A):'),I = IU(2)
disp('电压 U(V):'),U = IU(3)
disp('电压源 us 发出的功率(W):'),P = us * I
```

运行结果

例 6-4　戴维宁定理的应用。

图 6-4 所示为含电流控制电流源的一端口电路，设 $R_1 = 15\ \Omega$，$R_2 = 60\ \Omega$，$u_s = 10\ \text{V}$，控制常数 $k = 2.25$，负载电阻 R_L 可变。

（1）求一端口的戴维宁等效电路和诺顿等效电路。

（2）负载电阻 R_L 在 $0 \sim 100\ \Omega$ 范围内变化时，分析其吸收的功率情况。R_L 为何值时吸收的功率最大？求该最大功率。

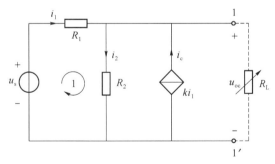

[分析]

图 6-4　例 6-4 电路

输入 MATLAB 程序如下：

```
clear,clf
R1 = 150;R2 = 600;us = 120;k = 2.25;
A = [R1 R2;1 + k -1];u = [us;0];
i = A\u;
```

```
display('问题(1)的解:')
i1 = i(1);i2 = i(2);
display('开路电压 uoc(V)')
uoc = R2 * i2
display('短路电流 isc(A)')
i1 = us / R1,isc = (1 + k) * i1
display('等效电阻 Req( Ω)')
Req = uoc / isc
display('问题(2)的解:')
display('RL 吸收的最大功率 Pmax(W)')
RL = Req;
Pmax = uoc^2 * RL. /((Req + RL). * (Req + RL))
RL = 0:0.1:100;
P = uoc^2 * RL. /((Req + RL). * (Req + RL));
plot(RL,P),grid
title('RL 吸收的功率'),xlabel('RL( Ω)'),ylabel('P(W)')
```

运行结果

运行结果

当 R_L 的值变化时，吸收的功率变化情况如运行结果2。当 $R_L = 42.857\ 1\ \Omega$ 时，吸收的功率最大，最大功率为 72.428 6 W。

6.2 动 态 电 路

含有动态元件的电路即动态电路。分析动态电路要用到换路定则。换路定则是指在电容电流和电感电压为有限值的条件下，在换路瞬间电容电压和电感电流不能突变。对于电容，当电容电压为 u_0 时，在换路瞬间，电容可视为一个电压值为 u_0 的电压源；当电容不带电荷时，在换路瞬间，电容相当于短路。对于电感，当电感电流为 i_0 时，在换路瞬间，电感相当于一个电流值为 i_0 的电流源；当电感电流为零时，在换路瞬间，电感相当于开路。

一个动态电路的独立初始条件为电容电压 $u_C(0_+)$ 和电感电流 $i_L(0_+)$，可根据 $t = 0_-$ 时的值（即换路前的状态）$u_C(0_-)$ 和 $i_L(0_-)$ 确定。电路的非初始条件，即电阻的电压和电流、电容电流以及电感电压等则需要通过已知的独立初始条件求得。

6.2.1 一阶动态电路

求解一阶动态电路的响应通常采用三要素法，"三要素"即待求变量的初值、稳态值和时间常数。

例 6 - 5 电路如图 6 - 5 所示，开关 S 闭合前电路已达到稳态，$t = 0$ 时 S 闭合，求 $t \geqslant 0$ 时电容电压 u_C 的零状态响应、零输入响应及全响应，并绘出波形图。已知 $R_1 = R_2 = R_3 = 4\ \Omega$，$i_s = 1\ A$，$u_s = 0.5\ V$，$C = 0.5\ F$，控制常数 $k = 1.5$。

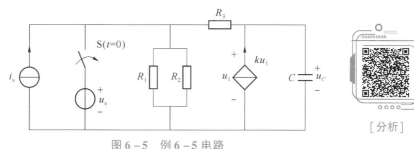

图 6 – 5　例 6 – 5 电路

[分析]

输入 MATLAB 程序如下：

```
clear
R1 = 4;R2 = 4;R3 = 4;is = 1;us = 0.5;k = 1.5;C = 0.5;
R12 = R1 * R2 / (R1 + R2);
u1 = is / (1 / R12 - k);
disp('换路瞬间电容的端电压(V):')
uc0f = u1 + R3 * k * u1                  % 换路前电容的端电压
uc0z = uc0f                              % 换路后电容的端电压
u1 = us;
disp('戴维宁等效电路的开路电压(V):'),uoc = u1 + R3 * k * u1
disp('等效电阻( Ω):'),Req = R3
disp('时间常数(s):'),T = Req * C
t = 0:0.1:10;
uc1 = uoc * (1 - exp( - t / T));         % 零状态响应
uc2 = uc0z * exp( - t / T);             % 零输入响应
uc = uc1 + uc2;                          % 全响应
figure(1),plot(t,uc1),hold on
plot(t,uc2),plot(t,uc),grid
title('电路的响应'),xlabel('t/s'),ylabel('uc(t)/V')
gtext('uc1(t)'),gtext('uc2(t)'),gtext('uc(t)')
```

运行结果

电路响应的波形

例 6 – 6　正弦激励的一阶电路如图 6 – 6 所示，求当 $t = 0$ 时 S 由位置 2 合向位置 1 时，电感电流的全响应，并画出波形。已知 $R = 1\ \Omega$，$L = 1\ \mathrm{H}$，$u_{s1} = U_{s1m}\sin \omega t$ （V），$u_{s2} = 5\ \mathrm{V}$，其中，$U_{s1m} = 4\ \mathrm{V}$，$\omega = 2\ \mathrm{rad/s}$。

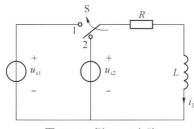

图 6 – 6　例 6 – 6 电路

[分析]

输入 MATLAB 程序如下：

```
clear
R = 1;L = 1;Us1m = 4;w = 2;Us2 = 5;
```

```
disp('时间常数'),T = L/R
disp('电感电流初值'),iL0 = Us2/R
q = sqrt(R^2 + w^2 * L^2);
t = 0:0.01:10;
us1 = Us1m * sin(w * t);                    % 激励信号
disp('电感电流特解的初相')
sita = - atan(w * L/R)
disp('电感电流特解的最大值')
Im = Us1m/q
iLwe = Im * sin(w * t + sita);              % 稳态响应
iLwe0 = iLwe(1);                            % 稳态响应的初值
iLza = (iL0 - iLwe0) * exp( - t/T);         % 暂态响应
iL = iLwe + iLza;                           % 全响应
plot(t,iL,'-',t,iLwe,'-.',t,iLza,':')
legend('iL','iLwe','iLza')
grid
```

运行结果

电感电流的
正弦激励响应

把程序计算的 T、sita、Im 结果代入响应表达式，得到稳态响应为

$$i_{Lwe}(t) = 1.788\,9\sin(2t - 1.107\,1)\ (A),\ t \geqslant 0$$

暂态响应为

$$i_{Lza}(t) = [5 - 1.788\,9\sin(2t - 1.107\,1)]e^{-t}\ (A),\ t \geqslant 0$$

全响应为

$$i_L(t) = 1.788\,9\sin(2t - 1.107\,1) + [5 - 1.788\,9\sin(2t - 1.1071)]e^{-t}\ (A),\ t \geqslant 0$$

6.2.2 二阶动态电路

例 6 – 7 RLC 串联电路如图 6 – 7 所示，电容已充电，$u_C(0_-) = 6\,V$，$R = 2.5\,\Omega$，$L = 0.25\,H$，$C = 0.25\,F$，试求开关 S 闭合后的 $u_C(t)$、$i_L(t)$，并画出其波形。

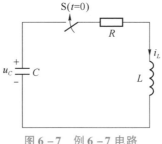

图 6 – 7   例 6 – 7 电路

［分析］

输入 MATLAB 程序如下：

```
clear
R = 2.5;L = 0.25;C = 0.25;
uc0 = 6;iL0 = 0;
if R > 2 * sqrt(L/C)
    disp('过阻尼电路')
```

```
elseif R < 2 * sqrt(L/C)
            disp('欠阻尼电路')
    else
            disp('临界阻尼电路')
end
dert = R/2/L;
omig = 1/L/C;
p1 = - dert + sqrt(dert^2 - omig)
p2 = - dert - sqrt(dert^2 - omig)
D = [1 1;p1 p2];
B = [uc0;0];
A = D\B;
A1 = A(1),A2 = A(2)
t = 0:0.0001:5;
uc = A1 * exp(p1 * t) + A2 * exp(p2 * t);
iL = - C * (A1 * p1 * exp(p1 * t) - C * A2 * p2 * exp(p2 * t));
plot(t,uc,'-'),hold on
plot(t,iL,'-.'),grid
legend('uc','iL')
title('二阶动态电路的响应');xlabel('t');ylabel('uc/iL')
```

运行结果

根据程序计算的结果，可以写出 $u_C(t)$ 和 $i_L(t)$ 的表达式：

$$u_C(t) = (8e^{-2t} - 2e^{-8t})\ (\text{V}),\ t \geqslant 0$$
$$i_L(t) = (4e^{-2t} - 4e^{-8t})\ (\text{A}),\ t \geqslant 0$$

电容电压和
电感电流的波形图

6.2.3 初值常微分方程的求解

例 6-8   二阶动态电路如图 6-8 所示，已知电压源 $u_s = 15$ V，$R_1 = 6\ \Omega$，$R_2 = 0.4\ \Omega$，$L = 2$ H，$C = 1$ F，$u_C(0_-) = 0$，$i_L(0_-) = 0$，$t = 0$ 时开关 S 闭合，绘制电容电压 $u_C(t)$ 的波形图。

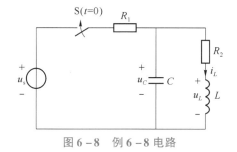

图 6-8   例 6-8 电路

[分析]

输入 MATLAB 程序如下：

```
% 建立 DYD.m 文件
function yd = DYD(t,y)
U = 15;R1 = 6;R2 = 0.4;C = 1;L = 2;
```

```
yd = [ - (1/(R1 * C)) * y(1) - (1/C) * y(2) + (1/(R1 * C)) * U;
(1/L) * y(1) - (R2/L) * y(2)];                          % 状态方程
```

执行 "DYD. m" 文件，输入以下语句：

```
t = [0,50];
y0 = [0;0];
[t,YY] = ode45('DYD',t,y0);
Uc = YY(:,1);
plot(t,Uc),grid
title('Capacitor Voltage Change Curve');
xlabel('t/s');ylabel('uc/V');
```

$u_C(t)$的波形图

6.3　正弦稳态电路

电路中的激励源是正弦量，且电路中的电压、电流是与激励源同频率的正弦量，这样的电路称为正弦稳态电路。正弦稳态电路是最简单、最基础的交流电路。分析该电路的主要方法是向量法。电阻电路的各种方法和网络定理均适用于正弦稳态电路。

6.3.1　简单正弦稳态电路的分析与计算

例 6 – 9　电路如图 6 – 9 所示，$\dot{U}_s = 4\angle 60° \text{ V}$，$R_1 = 1\ \Omega$，$R_2 = 100\ \Omega$，$L = 0.1\text{ H}$，$C = 20\ \mu\text{F}$，$\omega = 1\ 000\text{ rad/s}$，求 $\dot{I}$、$\dot{I}_L$ 和 $\dot{I}_C$。

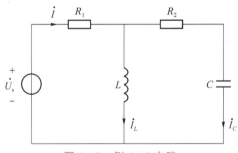

图 6 – 9　例 6 – 9 电路

[分析]

运行结果

输入 MATLAB 程序如下：

```
R1 = 1;R2 = 100;L = 0.1;C = 20e - 6;w = 1000;
Us = 4 * exp(j * 60 * pi/180);
Z1 = R1;Z2 = R2;Z3 = j * w * L;Z4 = 1/(j * w * C);
Z = Z1 + Z3 * (Z2 + Z4)/(Z3 + Z2 + Z4);
I = Us/Z;
IL = (Us - Z1 * I)/Z3;
IC = I - IL;
disp('  总电流 I   电感电流 IL   电容电流 IC')
disp('幅值'),disp(abs([I,IL,IC]))
```

```
disp('相角'),disp(angle([I,IL,IC] * 180/pi))
subplot(121)
compass(Us)
title('激励源 Us')
subplot(122)
compass([I,IL,IC])
title('各支路电流 I/IL/IC')
gtext('I'),gtext('IL'),gtext('IC')
```

向量图

6.3.2 含受控源的正弦稳态电路的分析与计算

例 6-10 电路如图 6-10 所示，$\dot{U}_s = 10 \angle -30° \text{ V}$，$R_1 = 3 \ \Omega$，$R_2 = 5 \ \Omega$，$L = 0.04 \text{ mH}$，$C = 1\,000 \ \mu\text{F}$，$\omega = 1\,000 \text{ rad/s}$，$k = 0.6$。问负载 Z_L 为何值能够获得最大功率？

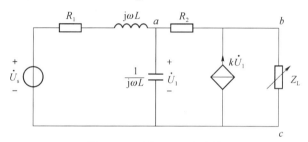

[分析]

图 6-10 例 6-10 电路图

输入 MATLAB 程序如下：

```
clear
R1 = 3;R2 = 5;w = 1000;C = 1e - 3;L = 0.4e - 4;k = 0.6;
Us = 10 * exp( - j * 30 * pi/180);
G11 = 1/(R1 + j * w * L) + j * w * C + 1/R2;G12 = -1/R2;G13 = 0;
G21 = -1/R2;G22 = 1/R2;G23 = k;
G31 = 1;G32 = 0;G33 = -1;
G = [G11 G12 G13;G21 G22 G23;G31 G32 G33];
U1 = Us/(R1 + j * w * L);Is1 = 0;Is2 = 1;
B1 = [U1;Is1;0];
X1 = G \B1;
Uoc = X1(2);                          % 开路电压
B2 = [U1;Is2;0];
X2 = G \B2;
Zeq = X2(2);                          % 等效阻抗
ZL = Zeq;
Pmax = (abs(Uoc))^2/4 * real(ZL);     % 最大功率
disp('  开路电压          等效阻抗')
disp([Uoc,Zeq])
disp('  最大功率          最大功率时的负载值')
disp([Pmax,ZL])
```

运行结果

6.3.3 叠加定理在正弦稳态电路中的应用

例 6 – 11 电路如图 6 – 11 所示，$\dot{U}_{s1} = 10\angle -30° \text{ V}$，$R_1 = 3\ \Omega$，$R_2 = 5\ \Omega$，$L = 0.04\text{ mH}$，$\dot{U}_{s2} = 10\angle -30° \text{ V}$，$\omega = 1\,000\text{ rad/s}$。求电流 $\dot{I}$。

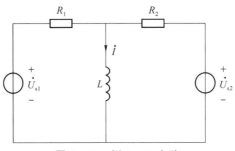

图 6 – 11 例 6 – 11 电路

[分析]

输入 MATLAB 程序如下：

```
clear
R1 = 5;R2 = 7;L = 3;w = 4;
% 设定信号源
Us1 = 16 * exp( j * 45 * pi/180);
Us2 = 18 * exp( j * 60 * pi/180);
jwL = j * w * L;
R1L = R1 + jwL * R2/(R2 + jwL);
R2L = R2 + jwL * R1/(R1 + jwL);
I1L = (Us1 - R1 * Us1/R1L)/jwL;        % Us1 单独作用时的电流 I1
I2L = (Us2 - R2 * Us2/R2L)/jwL;        % Us2 单独作用时的电流 I2
I = I1L + I2L                          % 总电流 I
% 计算 I 的幅值和相角
Im = abs(I);
ph = angle(I) * 180/pi;
disp('  I 的幅值   I 的相角')
disp([Im,ph])
```

即电流 $\dot{I} = 1.351\,6\angle -24.660\,3°\text{A}$。

运行结果

6.4 频 率 响 应

动态电路中存在电感和电容，其感抗和容抗都是频率的函数，当电路中激励源的频率变化时，电路中的感抗、容抗将跟随频率变化，产生不同的响应，这种现象称为电路的频率响应或频率特性。通常用网络函数描述为

$$H(j\omega) = \frac{\text{响应相量}}{\text{激励相量}} = |H(j\omega)|e^{j\theta(\omega)}$$

其中，$|H(j\omega)|$称为电路的幅频响应；$\theta(\omega)$称为电路的相频响应。

6.4.1 一阶低通电路

例6–12 RC电路如图6–12所示，求以$\dot{U}_C$为输出时的频率响应，并画出其幅频响应和相频响应曲线。

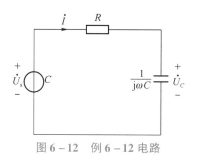

[分析]

图6–12 例6–12电路

输入MATLAB程序如下：

```
clear
w1 = 0:0.01:5;
H = 1./(1 + j * w1);                              % 复频率响应
figure(1)
subplot(211),plot(w1,abs(H))                      % 绘制幅频响应曲线
title('Linear Frequency Response')
xlabel('w1'),ylabel('Amplitude')
grid
subplot(212),plot(w1,angle(H))                    % 绘制相频响应曲线
xlabel('w1'),ylabel('Phase'),grid
figure(2)
subplot(211),semilogx(w1,20 * log10(abs(H)))      % 绘制对数幅频响应曲线
title('Logarithmic Frequency Response')
xlabel('w1'),ylabel('Amplitude/DB'),grid
subplot(212),semilogx(w1,angle(H))                % 绘制对数相频响应曲线
xlabel('w1'),ylabel('Phase'),grid
```

线性频率响应曲线

对数频率响应曲线

6.4.2 谐振电路

例6–13 RLC串联谐振电路如图6–13所示，分别求以$\dot{U}_C$和$\dot{U}_L$为输出时的频率响应。

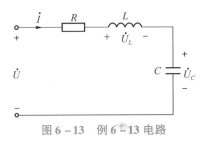

[分析]

图 6 – 13　例 6 – 13 电路

输入 MATLAB 程序如下：

```
clear
w1 = logspace( -1,1,1000);
q = [1,2,3,4,5];
for i = 1:5
    Q = q(i);
    HC = - j * Q. /(w1 + j * Q. * (w1.^2 -1));
    figure(1)
    subplot(211), plot(w1,abs(HC)),hold on
    subplot(212),plot(w1,angle(HC)),hold on
    figure(2)
    HL = j * Q. /(1. /w1 + j * Q. * (1 -1. /w1.^2));
    subplot(211),plot(w1,abs(HL)),hold on
    subplot(212),plot(w1,angle(HL)),hold on
end
figure(1),subplot(211),grid
title('HC:Low - Pass Circuit Response'),xlabel('w1'),ylabel('abs(HC)')
subplot(212),grid,xlabel('w1'),ylabel('angle(HC)')
figure(2),subplot(211),grid
title('HL:High - Pass Circuit Response')
xlabel('w1'),ylabel('abs(HL)')
subplot(212),grid
xlabel('w1'),ylabel('angle(HL)')
```

$\dot{U}_C$ 的频率响应曲线

$\dot{U}_L$ 的频率响应曲线

例 6 – 14　RLC 并联谐振电路如图 6 – 14 所示。

（1）图 6 – 14（a）中，分析以电流源 $\dot{I}_s$ 作为激励，以 $\dot{I}_C$ 作为输出时的频率响应，画出其幅频响应曲线和相频响应曲线。

（2）图 6 – 14（b）中，$L = 1$ H，$C = 1$ μF，$R = 800$ Ω，输入信号为阶跃信号 $i_s = \varepsilon(t)$A 时，试绘制 t 在 $0 \sim 0.04$ s 范围内 u_C 和 u_L 的时域响应曲线。

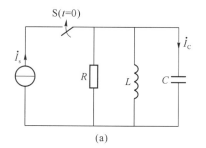 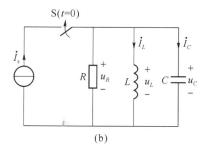

[分析]

图 6 – 14　例 6 – 14 电路

（1）输入 MATLAB 程序如下：

```
clear,clf
w1 = logspace( -1,1,1000);
for Q = [1 3 5 7]
    H = j * Q * w1./(1 + j * Q * w1 - j * Q./w1);
    figure(1)
    subplot(2,1,1),plot(w1,abs(H)),hold on
    subplot(2,1,2),plot(w1,angle(H)),hold on
end
for Q = [1 3 5 7]
    H = j * Q * w1./(1 + j * Q * w1 - j * Q./w1);
    figure(2)
    subplot(2,1,1),plot(w1,20 * log10(abs(H))),hold on
    subplot(2,1,2),plot(w1,20 * log10(angle(H))),hold on
end
figure(1)
subplot(211),grid
title('Linear Frequency Response'),xlabel('w1'),ylabel
('abs(HC)')
subplot(212),grid
xlabel('w1'),ylabel('angle(HC)')
figure(2)
subplot(211),grid
title('Logarithmic Frequency Response'),xlabel('w1'),ylabel('abs(HL)')
subplot(212),grid
xlabel('w1'),ylabel('angle(HL)')
```

线性频率响应曲线

对数频率响应曲线

（2）建立 UCIL.m 文件：

```
function xdd = UCIL(t,x)
C = 1e - 6;L = 1;is = (t > = 0) * 1;R = 800;
xdd = [ - (1/(R * C)) * x(1) - (1/C) * x(2) + is/C;(1/L) * x(1)];
```

执行 UCIL. m 文件：

```
ts =[0,0.04];
x0 =[0;0];
[t,x] =ode45('UCIL',ts,x0);
Uc =x(:,1);
iL =x(:,2);
figure(1)
subplot(211),plot(t,Uc)
grid on
title('Capacitor Voltage Change Curve')
xlabel('Time/sec');ylabel('Voltage/V')
hold on
subplot(212),plot(t,iL)
grid
title('Inductive Current Change Curves')
xlabel('Time/sec');ylabel('Current/A')
```

电路的时域响应曲线

习 题 6

6-1　电路如图6-15所示，已知 $U = 3$ V，求 R。

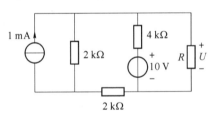

图 6-15　习题 6-1 电路

6-2　使用节点电压法计算图6-16所示电路中的电流 i。

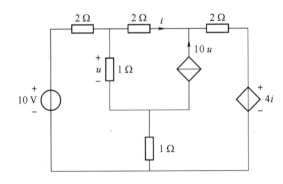

图 6-16　习题 6-2 电路

6-3 求图6-17所示电路的电压U和电流I。

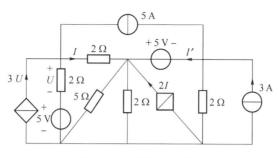

图6-17 习题6-3电路

6-4 用戴维宁定理求图6-18所示电路中负载R_L为何值时，其功率最大，并计算此最大功率。

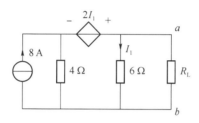

图6-18 习题6-4电路

6-5 正弦交流电路如图6-19所示，试用叠加定理求电流$\dot{I}_c$。

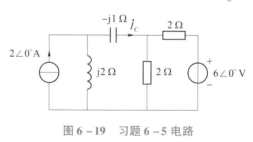

图6-19 习题6-5电路

6-6 电路如图6-20所示，$t<0$时电路已处于稳态，在$t>0$时开关闭合，求换路后的$i_L(t)$。

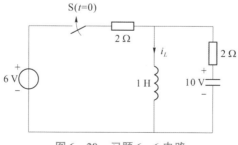

图6-20 习题6-6电路

6-7 电路如图6-21所示，$t < 0$ 时电路已处于稳态。当 $t = 0$ 时，开关S闭合，求 $t \geq 0$ 时的电感电流 $i_L(t)$、电感电压 $u_L(t)$、电容电压 $u_C(t)$ 及电容电流 $i_C(t)$。

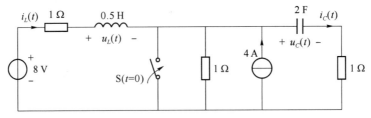

图6-21 习题6-7电路

第7章

MATLAB 在控制系统中的应用

目前，MATLAB 是主要的控制系统仿真软件，主要以控制系统的传递函数、控制系统中的多数理论为基础。不管是连续系统还是离散系统，线性系统还是非线性系统，基本都可以用 MATLAB 实现，可以直接在命令窗口操作，也可以使用 M 文件，对于古典控制理论，还可以使用图形的方式来表现。本章分别从控制系统模型及其转换、系统的时域分析、根轨迹分析、频域分析及 Simulink 环境下的仿真等方面进行讨论。

7.1　控制系统模型及其转换

MATLAB 控制系统工具箱包含线性时不变（Linear Time Invariant，LTI）系统的 3 种子对象，分别是 tf 对象、zpk 对象和 ss 对象，它们分别表示传递函数模型、零极点增益模型、状态空间模型，如表 7-1 所示。

表 7-1　3 种模型的建立列表

对象名称	属性名称	功能	调用格式
tf 对象 （传递函数模型）	num	传递函数分子系数	tf(num, den)
	den	传递函数分母系数	
	Ts	采样周期	tf(num, den, Ts)
zpk 对象 （零极点增益模型）	z	零点组成的向量组	zpk(z, p, k)
	p	极点组成的向量组	
	k	系统的增益	
	Ts	采样周期	zpk(z, p, k, Ts)

对象名称	属性名称	功能	调用格式
ss 对象 （状态空间模型）	A	系数矩阵	ss(A，B，C，D)
	B	系数矩阵	
	C	系数矩阵	
	D	系数矩阵	
	Ts	采样周期	ss(A，B，C，D，Ts)

7.1.1　线性时不变系统的传递函数模型

设线性时不变系统的输入为 $R(t)$，输出为 $C(t)$，则对应的单输入单输出（Single Input Single Output，SISO）系统的传递函数模型为

$$G(S) = \frac{C(S)}{R(S)} = \frac{b_0 s^m + b_1 s^{m-1} + \cdots + b_{m-1} s + b_m}{a_0 s^n + a_1 s^{n-1} + \cdots + a_{n-1} s + a_n}$$

在 MATLAB 中用 tf( ) 函数描述传递函数模型，可写成"分子的系数多项式/分母的系数多项式"形式，即

```
num = [b_0,b_1,…,b_m];          % 分母的系数多项式的表示
den = [a_0,a_1,…,a_n];          % 分子的系数多项式的表示
G = tf(num,den)                 % 求传递函数模型
```

例 7 - 1　某二阶系统的闭环传递函数模型为 $G(s) = \dfrac{1.969s + 5.039}{s^2 + 0.557s + 0.611}$，用MATLAB语句表示该系统的传递函数模型。

输入 MATLAB 程序如下：

```
num = [1.969,5.039];
den = [1,0.557,0.611];
G = tf(num,den)
```

运行结果为

```
Transfer function:
    1.969 s + 5.039
  -------------------------
  s^2 + 0.557 s + 0.611
```

7.1.2　线性时不变系统的零极点增益模型

线性时不变系统用零极点增益模型来描述，具体形式为

$$G(s) = k \frac{(s - z_1)\ (s - z_2)\ \cdots\ (s - z_m)}{(s - p_1)\ (s - p_2)\ \cdots\ (s - p_n)}$$

在 MATLAB 中，将系统所有的零点组成向量 z，所有的极点组成向量 p，零极点增益模型由向量组（z，p，k）表示，用 zpk( ) 函数描述零极点增益模型，即

```
z = [z_1,z_2,…,z_m];               % 所有零点组成的向量
```

```
p = [p₁,p₂,…,pₙ];          % 所有极点组成的向量
k = [k];                   % 系统的增益
G = zpk(z,p,k)             % 求零极点增益模型
```

例 7 - 2　某一环节的零极点增益模型为 $G(s) = \dfrac{5(s+2)(s+6)}{(s+10)(s+3.5)(s+1.8)}$，用MATLAB语句表示该环节的零极点增益模型。

输入 MATLAB 程序如下：

```
z = [-2,-6];
p = [-10,-3.5,-1.8];
k = [5];
G = zpk(z,p,k)
```

运行结果为

```
Zero/pole/gain:
     5(s+2)(s+6)
 -------------------------
 (s+10)(s+3.5)(s+1.8)
```

7.1.3　线性时不变系统的状态空间模型

线性时不变系统的状态空间模型为

$$\dot{x}(t) = Ax(t) + Bu(t)$$
$$y(t) = Cx(t) + Du(t)$$

其中，$\dot{x}(t)$ 为状态变量；A、B、C、D 为系统的系数矩阵，B 的列数与输入量的个数一致，D 的行数与输出量的个数一致。

用 MATLAB 语句表示该系统的状态空间模型的调用格式为

$$ss(A,B,C,D)$$

例 7 - 3　已知一连续线性时不变系统，用状态空间模型描述其动态特性为

$$\begin{pmatrix} \dot{x}_1 \\ \dot{x}_2 \\ \dot{x}_3 \end{pmatrix} = \begin{pmatrix} 1 & -1 & 0 \\ 0 & 2 & 0 \\ 1 & 0 & 1 \end{pmatrix} \begin{pmatrix} x_1 \\ x_2 \\ x_3 \end{pmatrix} + \begin{pmatrix} 1 \\ 0 \\ -1 \end{pmatrix} u$$

$$\begin{pmatrix} y_1 \\ y_2 \end{pmatrix} = \begin{pmatrix} 1 & 0 & 0 \\ 1 & 2 & 1 \end{pmatrix} \begin{pmatrix} x_1 \\ x_2 \\ x_3 \end{pmatrix}$$

用 MATLAB 语句表示该系统的状态空间模型。

输入 MATLAB 程序如下：

```
A = [1,-1,0;0,2,0;1,0,1];
B = [1;0;-1];
C = [1,0,0;1,2,1];
D = [0;0];
sys = ss(A,B,C,D)          % 状态空间模型
```

运行结果为

```
a =        x1  x2  x3
    x1      1  -1   0
    x2      0   2   0
    x3      1   0   1
b =        u1
    x1      1
    x2      0
    x3     -1
c =        x1  x2  x3
    y1      1   0   0
    y2      1   2   1
d =        u1
    y1      0
    y2      0
```

7.1.4 离散系统模型及变换函数

1. 采样系统的脉冲传递函数模型

采样系统的脉冲传递函数模型描述仍然用 tf( ) 函数生成，其中包含 T（采样周期）这个属性值。

例 7 – 4 已知采样周期为 $T=0.1\text{ s}$，闭环脉冲传递函数模型为

$$G(z) = \frac{2z^2 - 3.4z + 1.5}{z^2 - 1.6z + 0.8}$$

用 MATLAB 语句表示该采样系统的脉冲传递函数模型。

输入 MATLAB 程序如下：

```
num =[2,-3.4,1.5];
den =[1,-1.6,0.8];
T =0.1;
sys =tf(num,den,T)
```

运行结果为

```
Transfer function:
2 z^2 - 3.4 z + 1.5
-------------------------
z^2 - 1.6 z + 0.8
Sampling time: 0.1
```

其中，工具箱中的 filt( ) 函数生成的仍然是传递函数模型，其表示形式和 tf( ) 函数一样，tf( ) 函数自动取显示变量为 s，而 filt( ) 函数自动取显示变量为 z^{-1}。

例 7 – 5 生成不同的模型表示方法。

输入 MATLAB 程序如下：

```
num =[1];den =[1,3,7];
tf(num,den)
```

运行结果为

```
Transfer function:
       1
    ---------------
    s^2 + 3 s + 7
```

若在命令窗口中输入以下语句:

```
>> num = [1];den = [1,3,7];
>> filt(num,den)                  % 生成以 z⁻¹为显示变量的传递函数模型
```

则运行结果为

```
Transfer function:
         1
    ---------------------
    1 + 3 z^ -1 + 7 z^ -2

Sampling time: unspecified
```

若在命令窗口中输入以下语句:

```
>> num = [1];den = [1,3,7];
>> printsys(num,den,'z')          % 打印以 z 为显示变量的传递函数模型
```

则运行结果为

```
num / den =         1
             ---------------
             z^2 + 3 z + 7
```

若在命令窗口中输入以下语句:

```
>> num = [1];den = [1,3,7];
>> T = 0.1;
>> tf(num,den,T)                  % 生成脉冲传递函数模型
```

则运行结果为

```
Transfer function:
       1
    ---------------
    z^2 + 3 z + 7

Sampling time: 0.1
```

若在命令窗口中输入以下语句:

```
num = [1];den = [1,3,7];
T = 0.1;
filt(num,den,T)
```

则运行结果为

```
Transfer function:
         1
    ---------------------
    1 + 3 z^ -1 + 7 z^ -2

Sampling time: 0.1
```

2. 离散线性时不变系统的状态空间模型

离散线性时不变系统的状态空间模型为

$$\dot{x}(n+1) = Ax(n) + Bu(n)$$
$$y(n+1) = Cx(n) + Du(n)$$

其中，$\dot{x}(n+1)$ 为状态变量；A、B、C、D 为系统的系数矩阵。在 MATLAB 中用 dss（A，B，C，D）表示该系统。

7.1.5 模型之间的转换

在控制系统工具箱中，tf、zpk 和 ss 3 种模型之间可以相互转换，如表 7－2 所示。

表 7－2　模型转换列

函数名	功能	调用格式
tf2zp（）	将传递函数模型转换为零极点增益模型	［z，p，k］= tf2zp（num，den）或［z，p，k］= tf2zpk（num，den）
		G = zpk（sys）
zp2tf（）	将零极点增益模型转换为传递函数模型	［num，den］= zp2tf（z，p，k）
		G = tf（sys）
tf2ss（）	将传递函数模型转换为状态空间模型	［A，B，C，D］= tf2ss（num，den）
		G = ss（sys）
ss2tf（）	将状态空间模型转换为传递函数模型	［num，den］= ss2tf（A，B，C，D）
		G = tf（sys）
zp2ss（）	将零极点增益模型转换为状态空间模型	［A，B，C，D］= zp2ss（z，p，k）
		G = ss（sys）
ss2zp（）	将状态空间模型转换为零极点增益模型	［z，p，k］= ss2zp（A，B，C，D）
		G = zp（sys）或 G = zpk（sys）
ord2（）	生成二阶系统	［num，den］= ord2（ω_n，ζ）
		［A，B，C，D］= ord2（ω_n，ζ）
c2d（）	连续时间系统离散化	sys = c2d（G，Ts，method）
d2c（）	离散时间系统连续化	sys = d2c（G，method）
d2d（）	离散时间系统采样	sys = d2d（G，Ts）

例 7－6　将传递函数模型 $G(s) = \dfrac{2s^2 - 4s + 3}{s^2 + 7s + 10}$ 描述的系统转换为零极点增益模型。

输入 MATLAB 程序如下：

```
num = [2, -4, 3];
den = [1, 7, 10];
[z, p, k] = tf2zpk(num, den)
```

```
sys = zpk(z,p,k)
```
运行结果为
```
z = 1.0000 + 0.7071i
    1.0000 - 0.7071i
p = -5
    -2
k = 2
Zero/pole/gain:
2 (s^2 -2 s + 1.5)
------------------------
   (s +5) (s +2)
```

例 7 -7　已知系统零极点增益模型 $G(s) = \dfrac{9(2s+3)}{s^2(3s+5)(s+2)(5s^3+3s+7)}$，写出其传递函数模型。

输入 MATLAB 程序如下：
```
num = 9 * [2,3];
den = conv(conv(conv([1,0,0],[3,5]),[1,2]),[5,0,3,7]);
                                            % 分母多项式的表示
sys = tf(num,den)
```
运行结果为
```
Transfer function:
              18 s + 27
---------------------------------------------------------------
15 s^7 + 55 s^6 + 59 s^5 + 54 s^4 + 107 s^3 + 70 s^2
```

例 7 -8　已知连续系统的状态空间模型描述如下，将其转换为传递函数模型。

$$\dot{x} = \begin{pmatrix} 2.25 & -5 & -1.25 \\ 2.25 & -4.25 & -1.25 \\ 0.25 & -0.5 & -1.25 \end{pmatrix} x + \begin{pmatrix} 4 \\ 2 \\ 2 \end{pmatrix} u$$
$$y = (0 \quad 2 \quad 0)x$$

输入 MATLAB 程序如下：
```
A = [2.25,-5,-1.25;2.25,-4.25,-1.25;0.25,-0.5,-1.25];
B = [4;2;2];
C = [0 2 0];
D = [0];
[num,den] = ss2tf(A,B,C,D);
sys = tf(num,den)
```
运行结果为
```
Transfer function:
     4 s^2 + 9 s + 10
------------------------------------
s^3 + 3.25 s^2 + 3.875 s + 1.875
```
【说明】

ss2tf( )函数的功能是将状态空间模型转换为传递函数模型，其调用格式为 [num, den] = ss2tf(A, B, C, D)

系统的状态空间模型的描述为

$$\dot{x}(t) = Ax(t) + Bu(t)$$
$$y(t) = Cx(t) + Du(t)$$

ss2tf( )函数可以将其描述通过 $G(s) = \dfrac{num(s)}{den(s)} = C(sI-A)^{-1}B + D$ 转换为传递函数模型，num 和 den 分别为传递函数的分子、分母多项式，系数行向量均按照 s 的降幂排列。num 的行数与输出 y 的维数对应，每行对应一个输出。

例 7-9 将例 7-8 中的系统转换为零极点增益模型。

输入 MATLAB 程序如下：

```
A = [2.25, -5, -1.25;2.25, -4.25, -1.25;0.25, -0.5, -1.25];
B = [4;2;2];
C = [0 2 0];
D = [0];
sys = ss(A,B,C,D);
G = zpk(sys)
```

运行结果为

```
Zero/pole/gain:
   4 (s^2 +2.25 s + 2.5)
  ------------------------------------
  (s +1.5) (s^2 +1.75 s + 1.25)
```

【说明】

[z, p, k] = ss2zp (A, B, C, D) 可以将状态空间模型转换为零极点增益模型。其中，A、B、C、D 分别为系统的系数矩阵；系统的零点返回至列向量 z，极点返回至列向量 p，增益返回至列向量 k；z 的列数等于输出向量 y 的维数，每列对应一个输出的零点。

例 7-10 已知二阶系统的 $\omega_n = 3$，$\zeta = 0.7$，先将其生成为传递函数模型，再转换为零极点增益模型。

输入 MATLAB 程序如下：

```
[num,den] = ord2(3,0.7);
printsys(num,den)              % 打印输出传递函数模型
[z,p,k] = tf2zp(num,den)
```

运行结果为

```
                   1
num/den =   ------------------
            s^2 + 4.2 s + 9
z =   Empty matrix: 0 -by -1
p = -2.1000 + 2.1424i
    -2.1000 - 2.1424i
k =   1
```

或将程序写为

```
[num,den] = ord2(3,0.7);
sys = tf(num,den)
G = zpk(sys)
```

运行结果为

```
Transfer function:
        1
 -------------------
s^2 + 4.2 s + 9
Zero/pole/gain:
        1
 --------------------
(s^2 +4.2 s + 9)
```

例 7 – 11 将例 7 – 10 中的系统生成为状态空间模型。

输入 MATLAB 程序如下：

```
[a,b,c,d] = ord2(3,0.7);
disp('状态空间模型为:')
printsys(a,b,c,d)          % 显示状态空间模型的 4 个系数矩阵
```

运行结果为

状态空间模型为：

```
a =                    x1          x2
         x1             0     1.00000
         x2     -9.00000    -4.20000
b =                    u1
         x1             0
         x2     1.00000
c =                    x1          x2
         y1     1.00000           0
d =                    u1
         y1       0
```

例 7 – 12 采样系统的传递函数模型如下，采样周期为 $T_s = 0.1$ s，试将其连续化。

$$G(z) = \frac{z + 0.3}{(z + 0.2)(z^2 + 2z + 0.7)}$$

输入 MATLAB 程序如下：

```
z = [ -0.3];
p = [ -0.2];
k = 1;
Ts = 0.1;
G = series(zpk(z,p,k,Ts),tf(1,[1,2,0.7],Ts))    % 传递函数模型用两个环节串联
```
表示

```
sys = d2c(G)
```

运行结果为

```
Zero/pole/gain:
        (z +0.3)
 ---------------------------------
(z +1.548) (z +0.4523) (z +0.2)
Sampling time: 0.1
Warning: Model order was increased to handle real negative poles.
```

```
> In ss.d2c at 90
  In zpk.d2c at 123
Zero/pole/gain:
  8.4041 (s+60.17)(s^2 - 20.42 s + 660)(s^2 + 24.32 s + 1155)
  ----------------------------------------------------------------
(s^2 - 8.736 s + 1006)(s^2 + 32.19 s + 1246)(s^2 + 15.87 s + 1050)
```

或将程序写为

```
G = tf([1 0.3],conv([1 0.2],[1 2 0.7])),0.1)
sys = d2c(G)
```

运行结果为

```
Transfer function:
       z + 0.3
  -------------------------------
z^3 + 2.2 z^2 + 1.1 z + 0.14
Sampling time: 0.1
Warning: Model order was increased to handle real negative poles.
> In ss.d2c at 90
  In tf.d2c at 46
Transfer function:
8.404 s^5 +538.4 s^4 +1.305e004 s^3 +6.031e005 s^2 +2.597e006 s +3.853e008
  ----------------------------------------------------------------------------
s^6 +39.32 s^5 +3393 s^4 +7.74e004 s^3 +3.664e006 s^2 +4.246e007 s +1.316e009
```

7.1.6　环节的连接方式

控制系统中常用的环节组合有串联、并联和反馈 3 种基本方式，环节串联的特点是前一环节的输出信号为后一环节的输入信号；环节并联的特点是各环节的输入信号相同，输出信号相加（或相减）；环节反馈的特点是将系统或环节的输出信号反馈到输入端，与输入信号进行比较。环节的 3 种连接方式如图 7 - 1 所示，环节的连接函数如表 7 - 3 所示。

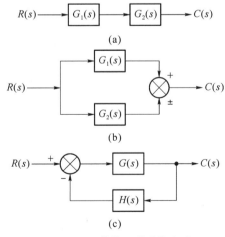

图 7 - 1　环节的 3 种连接方式
（a）串联；（b）并联；（c）反馈

表7-3 环节的连接函数

函数名	功能	调用格式	说明
series( )	串联	[num，den] = series(num1，den1，num2，den2)	sys1、sys2 可以为任一典型的对象模型
		[A，B，C，D] = series(A1，B1，C1，D1，A2，B2，C2，D2)	
		sys = series(sys1，sys2)	
parallel( )	并联	[num，den] = parallel(num1，den1，num2，den2)	
		[A，B，C，D] = parallel(A1，B1，C1，D1，A2，B2，C2，D2)	
		sys = parallel(sys1，sys2)	
feedback( )	反馈	[num，den] = feedback(num1，den1，num2，den2，sign)	
		[A，B，C，D] = feedback(A1，B1，C1，D1，A2，B2，C2，D2，sign)	
		sys = feedback(sys1，sys2，sign)	
cloop( )	单位反馈	[num，den] = cloop(num1，den1，num2，den2，sign)	sign = 1 时为正反馈；sign = -1 时为负反馈，默认为负反馈
		[A，B，C，D] = cloop(A1，B1，C1，D1，A2，B2，C2，D2，sign)	

例7-13 两个环节的传递函数模型分别为 $G_1(s) = \dfrac{1}{s+3}$，$G_2(s) = \dfrac{2}{s+5}$，若将两个环节进行串联，求串联后的传递函数模型。

输入 MATLAB 程序如下：

```
num1 = [1];
den1 = [1,3];
num2 = [2];
den2 = [1,5];
[num,den] = series(num1,den1,num2,den2)
```

运行结果为

```
num =   0    0    2
den =   1    8    15
```

若将两个环节进行并联，MATLAB 程序如下：

```
num1 = [1];
den1 = [1,3];
num2 = [2];
den2 = [1,5];
s1 = tf(num1,den1);
s2 = tf(num2,den2);
sys = parallel(s1,s2)
```

运行结果为

```
Transfer function:
```

```
  3 s + 11
-----------------
s^2 + 8 s + 15
```

例 7 - 14 系统的方框图如图 7 - 2 所示，求系统的传递函数模型。

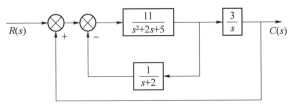

图 7 - 2 例 7 - 14 系统的方框图

输入 MATLAB 程序如下：

```
s1 = tf(11,[1,2,5]);
s2 = tf(3,[1,0]);
s3 = zpk([],-2,1);
sb = feedback(s1,s3);              % 单位负反馈传递函数模型
sys = feedback(series(sb,s2),1)
```

运行结果为

```
Zero /pole/gain:
                33 (s + 2)
-----------------------------------------------
(s +4.07) (s +1.422) (s^2 - 1.492 s + 11.4)
```

例 7 - 15 已知开环传递函数模型为 $G(s) = \dfrac{2}{s(s+2)}$，求单位负反馈系统的闭环传递函数模型。

输入 MATLAB 程序如下：

```
num = 2;
den = [1,2,0];
[numc,denc] = cloop(num,den);         % 闭环传递函数模型
sys = tf(numc,denc)
```

运行结果为

```
Transfer function:
     2
-----------------
s^2 + 2 s + 2
```

7. 2 拉氏变换、特征根及部分分式展开

描述控制系统动态特性的数学模型的表达形式有很多，除了前面提到的传递函数模型、零极点增益模型和状态空间模型之外，还有微分方程等，而微分方程的求解比较复杂，因为它本身涉及的微分阶次较高，不便计算，故常采用拉氏变换的方法，同时也能和传递函数建立联系。本

节介绍拉氏变换、系统特征方程的根（简称"特征根"）及部分分式展开等问题的 MATLAB 实现（方法）。

7.2.1 拉氏变换

时域函数 $f(t)$ 的拉氏变换定义为 $F(s) = \int_0^\infty f(t)\mathrm{e}^{-st}\mathrm{d}t$；拉氏反变换定义为 $f(t) = \dfrac{1}{2\pi\mathrm{i}}$ $\int_{\sigma-\mathrm{i}\omega}^{\sigma+\mathrm{i}\omega} F(s)\mathrm{e}^{st}\mathrm{d}s$。在 MATLAB 中，只需一个函数就能实现拉氏变换和拉氏反变换。拉氏变换和拉氏反变换分别用到符号运算工具箱中的 laplace( ) 和 ilaplace( ) 函数。使用时，要注意先用 syms( ) 函数设置用到的有关符号变量。

例 7 – 16　计算时域函数 $f(t) = \dfrac{1}{17}(2\mathrm{e}^{-3t} + 3\sin 2t - 2\cos 2t)$ 的拉氏变换。

输入 MATLAB 程序如下：

```
syms t F1;                    % 定义两个符号变量 t 和 y
F1 = laplace(1/17 * (2 * exp( -3 * t) +3 * sin(2 * t) -2 * cos(2 * t)))
                              % 拉氏变换
F = simplify(F1)              % 简化拉氏变换
```

运行结果为

```
F1 =2/17/(s +3) +6/17/(s^2 +4) -2/17 * s/(s^2 +4)
F = 26/17(s +3)/(s^2 +4)
```

例 7 – 17　计算时域函数 $f(t) = (\mathrm{e}^{-3t} - \mathrm{e}^{-5t})/t$ 的拉氏变换。

输入 MATLAB 程序如下：

```
clear all
syms t F;
F = laplace((exp( -3 * t) -exp( -5 * t))/t)
```

运行结果为

```
F = -log(3 +s) +log(5 +s)
```

例 7 – 18　计算拉氏函数 $F(s) = -\ln(3 + s) + \ln(5 + s)$ 的拉氏反变换。

输入 MATLAB 程序如下：

```
clear all
syms s f
f =ilaplace( -log(3 +s) +log(5 +s));
pretty(f)                     % 较好地显示和打印时域函数
```

运行结果为

```
 - exp( -5 t) +exp( -3 t)
 ---------------------
           t
```

显然，例 7 – 18 是例 7 – 17 的逆运算。

7.2.2　特征多项式和特征多项式的根

在研究控制系统的稳定性时，可以通过求解传递函数特征方程的根来判断。求根函数是

roots( )函数。其方法是把特征多项式的系数以降幂次序排列在一个行向量 **D** 中，然后通过
roots(D)语句得到一个列向量，列向量的元素为特征多项式的根。

例 7 – 19 求多项式 $11s^5 + 7s^4 + 21s^3 + 15s + 13$ 的根。

输入 MATLAB 程序如下：

```
D = [11 7 21 0 15 13];            % 特征多项式的系数
p = roots(D)
```

运行结果为

```
p = -0.5510 + 1.3281i
    -0.5510 - 1.3281i
    0.5265 + 0.8343i
    0.5265 - 0.8343i
    -0.5873
```

多项式的表示要用到函数 poly( )和 poly2sym( )。poly( )函数用来求矩阵的特征方程，返回结
果是由多项式的系数构成的行向量。poly2sym( )函数将多项式的系数组成多项式的形式。

例 7 – 20 已知多项式的根为 -1，-2，-3 + i4，-3 – i4，求该多项式。

输入 MATLAB 程序如下：

```
p = [-1 -2 -3 + i * 4 -3 - i * 4];
D1 = poly(p);                     % 生成由多项式的系数构成的行向量
D = poly2sym(D1)                  % 转换成多项式的形式
```

运行结果为

```
D = x^4 + 9 * x^3 + 45 * x^2 + 87 * x + 50
```

7.2.3 部分分式展开

对于高阶复杂的系统，通常要将高阶系统分解成一阶和二阶环节，也就是用部分分式展开
法将高阶系统分解。

将 $\dfrac{N(s)}{D(s)} = \dfrac{b_0 s^m + b_1 s^{m-1} + \cdots + b_{m-1}s + b_m}{a_0 s^n + a_1 s^{n-1} + \cdots + a_{n-1}s + a_n}$ 分解为微分单元和的形式，即 $\dfrac{N(s)}{D(s)} = k + \dfrac{a_1}{s - p_1} +$
$\dfrac{a_2}{s - p_2} + \cdots + \dfrac{a_n}{s - p_n}$。

在 MATLAB 中，用信号处理工具箱中的留数函数 residue( )来实现部分分式展开，调用格式
为[a，p，k] = residue(N，D)。向量 N 和 D 以 s 降幂的顺序排列其多项式系数。展开后余数返
回至向量 a，极点返回至向量 p，常数返回至k。

例 7 – 21 对 $\dfrac{N(s)}{D(s)} = \dfrac{2s^3 + 7s + 1}{s^3 + s^2 + 3s + 1}$ 进行部分分式展开。

输入 MATLAB 程序如下：

```
n = [2 7 1];
d = [1 1 31];
[a,p,k] = residue(n,d)
```

运行结果为

```
a = 1.2373 - 1.7203i
    1.2373 + 1.7203i
```

```
    -0.4747
p = -0.3194 + 1.6332i
    -0.3194 - 1.6332i
    -0.3611
k = [ ]
```

例 7－22　求函数 $G(s) = \dfrac{s+3}{s^2+3s+2}$ 的极点，并将其在极点处进行部分分式展开。

输入 MATLAB 程序如下：

```
n = [1 3];d = [1 3 2];
r = roots(d)
[a,p,k] = residue(n,d)
```

运行结果为

```
r =   -2
      -1
a =   -1
       2
p =   -2
      -1
k =   [ ]
```

7.2.4　控制系统模型属性

MATLAB 提供了一些分析控制系统模型属性的函数，涉及自然振荡频率、阻尼比、可控性和可观测性等，如表 7－4 所示。

表 7－4　分析控制系统模型属性的函数

函数名	功能	调用格式
damp	求系统的自然振荡频率和阻尼比	[wn，z] = damp(sys)
ddamp( )	求离散系统的自然振荡频率和阻尼比	[wn，z] = ddamp(sys)
dcgain( )	求系统的稳态值	k = dcgain(sys)
ddcgain( )	求离散系统的稳态值	k = ddcgain(sys)
ctrb( )	求可控性矩阵	co = ctrb(A，B)
obsv( )	求可观测性矩阵	ob = obsv(A，C)
gram( )	求可控性和可观测性格莱姆矩阵	gc = gram(A，B，'c') go = gram(A，B，'o')
dgram( )	求可控性和可观测性格莱姆矩阵	gc = dgram(A，B，'c') go = dgram(A，B，'o')
printsys( )	显示或打印系统	printsys(num，den，'s') printsys(num，den，'z')

例 7-23 某控制系统的传递函数模型为 $G(s) = \dfrac{3s^2 - 5.1s + 6}{4s^3 + 3.2s^2 - 1.9s + 8}$，求其稳态值、特征

值、阻尼比和自然振荡频率。

输入 MATLAB 程序如下：

```
num = [3 -5.1 6];
den = [4 3.2 -1.9 8];
sys = tf(num,den);
damp(sys)                      % 求系统的特征值、阻尼比和自然振荡频率
k = dcgain(sys)                % 求系统的稳态值
```

运行结果为

Pole	Damping	Frequency (rad/seconds)	Time Constant (seconds)
4.68e-01 + 9.66e-01i	-4.36e-01	1.07e+00	-2.14e+00
4.68e-01 - 9.66e-01i	-4.36e-01	1.07e+00	-2.14e+00
-1.74e+00	1.00e+00	1.74e+00	5.76e-01

```
k = 0.7500
```

例 7-24 已知系统的状态空间模型为

$$
\begin{pmatrix} \dot{x}_1 \\ \dot{x}_2 \\ \dot{x}_3 \\ \dot{x}_4 \end{pmatrix} = \begin{pmatrix} 2 & 1 & -1 & 5 \\ 3 & 8 & 3 & 0 \\ 7 & 4 & -8 & -5 \\ 2 & 7 & 1 & 6 \end{pmatrix} \begin{pmatrix} x_1 \\ x_2 \\ x_3 \\ x_4 \end{pmatrix} + \begin{pmatrix} -1 \\ 1 \\ 0 \\ 0 \end{pmatrix} u
$$

$$
\begin{pmatrix} y_1 \\ y_2 \\ y_3 \\ y_4 \end{pmatrix} = \begin{bmatrix} 4 & -3 & 5 & 1 \end{bmatrix} \begin{pmatrix} x_1 \\ x_2 \\ x_3 \\ x_4 \end{pmatrix} + 11u
$$

计算其稳态增益。

输入 MATLAB 程序如下：

```
A = [2 1 -1 5;3 8 3 0;7 4 -8 -5;2 7 1 6];
B = [-1;1;0;0];
C = [4;-3;5;1];
D = 11;
sys = ss(A,B,C,D);
k = dcgain(sys)
```

运行结果为

```
k = 12.3001
```

7.3 时 域 分 析

控制系统的时域分析是指给定系统输入信号，通过研究系统的时间响应来评价系统的性能。常用输入信号为单位阶跃函数、单位脉冲函数、单位斜坡函数和单位抛物线函数，对应

的系统输出响应分别为单位阶跃响应、单位脉冲响应、单位斜坡响应和单位抛物线响应。MAT-LAB 提供了输入信号的产生函数及一系列响应函数，如单位阶跃响应函数 step( )、单位脉冲响应函数 impulse( ) 等，相应的离散函数为 dstep( ) 和 dimpulse( ) 等。时域分析函数如表 7 - 5 所示。

表 7 - 5　时域分析函数

函数名	功能
gensig( )	生成某一信号
impulse( )	连续系统的单位脉冲响应
dimpulse( )	离散系统的单位脉冲响应
step( )	连续系统的单位阶跃响应
dstep( )	离散系统的单位阶跃响应
lsim( )	连续系统对任意输入的响应
dlsim( )	离散系统对任意输入的响应
initial( )	连续系统的零输入响应
dinitial( )	离散系统的零输入响应
filter( )	数字滤波器
square( )	方波信号
sin( )	正弦信号
pulse( )	脉冲信号

【注意】

函数 gensig( ) 的调用格式为

```
[u,t] = gensig(type,tau)
```

其中，type 可以是正弦信号'sin'、方波信号'square'或脉冲信号'pulse'。

函数 lsim( ) 的调用格式为

```
lsim(sys,u,t)
```

例 7 - 25　某三阶系统的状态空间模型为

$$\begin{pmatrix} \dot{x}_1 \\ \dot{x}_2 \\ \dot{x}_3 \end{pmatrix} = \begin{pmatrix} 1 & -1 & 0.5 \\ 2 & -2 & 0.3 \\ 1 & -4 & -0.1 \end{pmatrix} \begin{pmatrix} x_1 \\ x_2 \\ x_3 \end{pmatrix} + \begin{pmatrix} 0 \\ 0 \\ 1 \end{pmatrix} u$$

$$\boldsymbol{y} = \begin{pmatrix} 0 & 0 & 1 \end{pmatrix} \begin{pmatrix} x_1 \\ x_2 \\ x_3 \end{pmatrix}$$

当初始状态 $\boldsymbol{x}_0 = \begin{pmatrix} 1 \\ 1 \\ 0 \end{pmatrix}$ 时，求该系统的零输入响应。

输入 MATLAB 程序如下：

```
A = [1, -1, 0.5;2, -2, 0.3;1, -4, -0.1];
B = [0;0;1];
C = [0,0,1];
D = 0;
x0 = [1;0;0];
sys = ss(A,B,C,D);
initial(sys,x0)                    % 绘制系统的零输入响应曲线
grid on
```

运行程序，得到系统的零输入响应曲线，如图 7 - 3 所示。

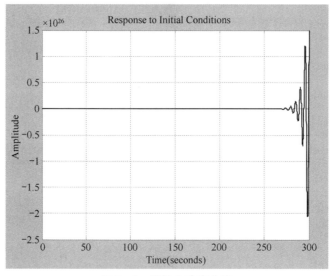

图 7 - 3   零输入响应曲线

例 7 - 26   已知系统的传递函数模型为 $\dfrac{C(s)}{R(s)} = \dfrac{s^2 + 1}{s^3 + s^2 + 3s + 7}$，求系统的方波响应。其中方波周期为 $T = 5$ s，持续时间为 12 s，采样周期 $T_s = 0.1$ s。

输入 MATLAB 程序如下：

```
[u,t] = gensig('sqaure',5,12,0.1);    % 生成题目要求的方波信号
plot(t,u);                            % 绘制方波信号
hold on
num = [1,0,1];
den = [1,1,3,7];
sys = tf(num,den);
lsim(sys,u,t)                         % 绘制系统的方波响应曲线
grid on
```

运行程序，得到系统的方波响应曲线，如图 7 - 4 所示。

例 7 - 27   已知系统的传递函数模型为 $G(S) = \dfrac{C(s)}{R(s)} = \dfrac{1}{s^2 + 0.3s + 1}$，求系统的单位阶跃响应及单位脉冲响应。

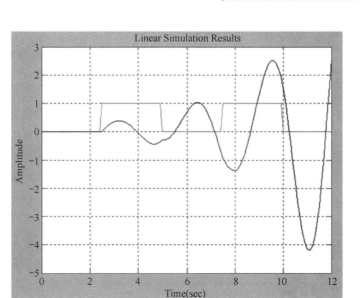

图 7 - 4　方波响应曲线

输入 MATLAB 程序如下：

```
clear all
num = [1];den = [1 0.3 1];
G = tf(num,den);
figure(1);
step(G)
grid on
hold on
figure(2);
impulse(G)
grid on
```

运行程序，得到系统的单位阶跃响应曲线和单位脉冲响应曲线，如图 7 - 5、图 7 - 6 所示。

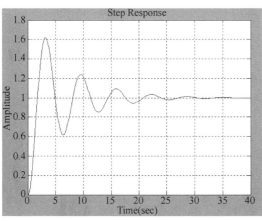

图 7 - 5　单位阶跃响应曲线

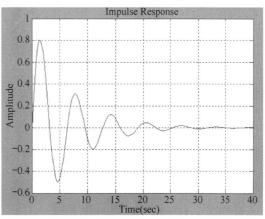

图 7 - 6　单位脉冲响应曲线

例 7 - 28 负反馈系统的开环传递函数模型为 $\dfrac{3}{s(s+0.95)(s+3.7)}$，绘制系统的单位斜坡响应曲线。

【分析】

MATLAB 中没有专门的斜坡响应函数，考虑到单位斜坡信号的拉氏变换为 $R(s)=\dfrac{1}{s^2}$，单位阶跃信号的拉氏变换为 $R(s)=\dfrac{1}{s}$，要绘制单位斜坡响应曲线，可以先把原闭环传递函数模型乘以 $1/s$ 之后得到新的传递函数模型，然后仿真新的传递函数模型的阶跃响应即可。

输入 MATLAB 程序如下：

```
clear all
num1 = 3;
den1 = poly([0 -1 -3.7]);            % 开环传递函数模型的分母系数
[num,den] = cloop(num1,den1);        % 闭环传递函数模型
denc = [den,0];
                    % 闭环传递函数模型乘以 1/s，以此转换为该系统的单位阶跃响应
t = 0:0.1:20;
numc = num;
y = step(numc,denc,t);
plot(t,y)
title('系统的单位斜坡响应曲线')
xlabel('Time(sec)')
ylabel('Amplitude')
grid on
```

运行程序，得到系统的单位斜坡响应曲线，如图 7-7 所示。

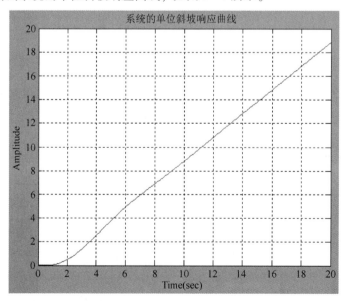

图 7 - 7 单位斜坡响应曲线

例 7-29 对于典型的二阶系统 $G(s) = \dfrac{\omega_n^2}{s^2 + 2\zeta\omega_n^2 s + \omega_n^2}$，分析无阻尼自然振荡频率 ω_n、阻尼比 ζ 的不同取值对系统暂态响应性能的影响。

【分析】

当 $\omega_n = 5\ \text{rad/s}$ 固定，ζ 分别取值 0.1、0.3、0.5、0.7、1、2 时，通过建立 M 文件求得一簇阶跃响应曲线。

输入 MATLAB 程序如下：

```
clear all
clf
wn = 5;
e1 = [0.1,0.3, 0.5,0.7 ,1.0,2.0];
figure(1)
hold on
for e = e1
    num = wn^2;
        den = [1,2 * e * wn,wn^2];
        [y,x,t] = step(num,den);
    plot(t,y)
end
grid
hold off
xlabel('Time(sec)')
ylabel('Amplitude')
title('Step Response of wn = 5')
text(0.9,1.7,'0.1');
text(1.0,1.3,'0.3');
text(0.6,0.45,'2.0');
```

运行结果如图 7-8 所示。对比曲线可知：当 $0 < \zeta < 1$ 时，在系统的响应曲线中，阻尼比越小，超调量越大，上升时间越短，振荡越强，振幅衰减越慢；当 $\zeta \geqslant 1$ 时，响应曲线为单调上升曲线，已经不是振荡环节了。

当 $\zeta = 0.7$，$\omega_n = 2$、4、6、8、10 时，建立 M 文件求二阶系统的单位阶跃响应曲线。

输入 MATLAB 程序如下：

```
e = 0.7;
w = [2:2:10];
figure(1)
hold on
for wn = w
    num = wn^2;
    den = [1,2 * e * wn,wn^2];
    [y,x,t] = step(num,den);
    plot(t,y)
end
```

```
grid
hold off
xlabel('Time(sec)')
ylabel('Amplitude')
title('Step Response of e=0.7')
text(1.1,0.7,'2');
text(0.1,0.9,'10');
```

运行结果如图7-9所示。由图可知，ω_n越大，系统响应速度越快。

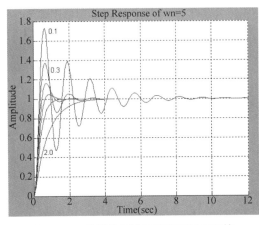

图7-8　典型的二阶系统在不同ζ下的
单位阶跃响应曲线

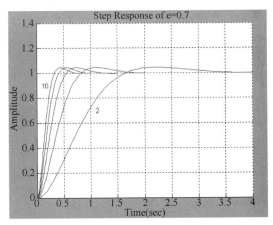

图7-9　典型的二阶系统在不同ω_n下的
单位阶跃响应曲线

例7-30　一闭环系统的传递函数模型为$\dfrac{C(s)}{R(s)}=\dfrac{5(s^2+5s+6)}{s^3+6s^2+10s+8}$，求系统的暂态性能指标：最大超调量$M_p$、峰值时间$t_p$、上升时间$t_r$和调整时间$t_s$。

【分析】

根据单位阶跃响应曲线也可以得到其性能指标。

输入MATLAB程序如下：

```
step(5*[1 5 6],[1 6 10 8])
grid
```

运行程序，得到系统的单位阶跃响应曲线，如图7-10所示，在响应图中右击，依次选择快捷菜单中"Characteristics"的4个命令得到性能指标。单击"Peak Response"按钮得到峰值为"Peak amplitude：4.02"，超调量为"Overshoot（%）：7.28"，峰值时间为"At time（sec）：2.21"；单击"Settling Time"按钮得到调整时间为"Settling Time（sec）：3.64"；单击"Rise Time"按钮得到上升时间为"Rise Time（sec）：1.03"；单击"Steady State"按钮得到稳态值为"Final Value：3.75"。具体如图7-11所示。

例7-31　用程序计算例7-30中研究对象的性能指标。

输入MATLAB程序如下：

```
num=5*[1 5 6];
den=[1 6 10 8];
[y,x,t]=step(num,den);
Finalvalue=dcgain(num,den)                    % 计算稳态值
```

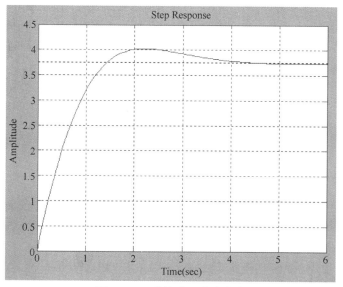

图 7 - 10   单位阶跃响应曲线

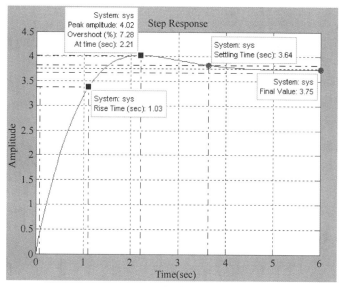

图 7 - 11   暂态性能指标

```
[Yss,n] = max(y)                                  % 计算峰值及其对应的下标
Overshoot = 100 * (Yss - Finalvalue)/Finalvalue  % 计算最大超调量
Tp = t(n)                                         % 计算峰值时间
% 计算上升时间,即输出第一次达到终值所需要的时间
n = 1;
while y(n) < Finalvalue
    n = n + 1;
end
n = n - 1;
```

```
Tr = t(n)
% 计算调整时间
l = length(t);
while (y(l) > 0.98 * Finalvalue)&(y(l) < 1.02 * Finalvalue)
                                          % 偏差容许范围 0.02
    l = l - 1;
end
l = l + 1;
Ts = t(l)
```

运行结果为

```
Finalvalue =    3.7500
Yss =    4.0230
n =    49
Overshoot =    7.2809
Tp =    2.2105
Tr =    1.4276
Ts =    3.6381
```

【分析】

上升时间有两种说法。当上升时间定义为响应曲线从稳态值的 10% 上升到稳态值的 90% 所需的时间时，这时计算上升时间的 MATLAB 程序如下：

```
% 计算输出第一次到达终值的 10% 所需要的时间
k = 1;
while y(k) < 0.1 * Finalvalue
    k = k + 1;
end
k = k - 1;
% 计算输出第一次到达终值的 90% 所需要的时间
m = 1;
while y(m) < 0.9 * Finalvalue
    m = m + 1;
end
m = m - 1;
Tr = t(m) - t(k)                    % 得到上升时间
```

运行结果为

```
Tr =    1.0491
```

可见，程序计算的阶跃响应性能指标的结果与通过响应曲线读出的数据基本一致。

例 7-32   产生一个周期为 5 s、持续时间为 30 s、采样周期为 0.1 s 的正弦波。把该信号作为 $\dfrac{C(s)}{R(s)} = \dfrac{s^2+1}{s^3+s^2+3s+7}$ 的输入，求其响应。

输入 MATLAB 程序如下：

```
[u,t] = gensig('sin',5,30,0.1);      % 生成正弦函数作为输入信号
sys = tf([1 0 1],[1 1 3 7]);
```

```
subplot(211)
plot(t,u)
grid
axis([0 30 -2 2])
title('Input Signal')
subplot(212)
[y,t,x] = lsim(sys,u,t);              % 在上一张图的下方绘制系统的响应曲线
plot(t,y)
grid
title('Sine Response of "(s^2 +1)/(s^3 +s^2 +3 s +7)"')
```

运行程序，得到响应曲线，如图7 – 12所示。

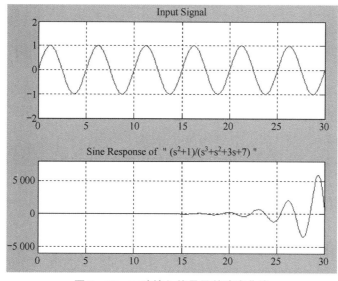

图 7 – 12　正弦输入信号及其响应曲线

例 7 – 33　已知某采样系统的闭环脉冲传递函数模型为$\dfrac{C(z)}{R(z)} = \dfrac{2z^2 - 3.4z + 1.5}{3z^2 - 1.6z + 2.8}$，绘制其单位阶跃响应曲线。

输入 MATLAB 程序如下：

```
num = [2 -3.4 1.5];
den = [3 -1.6 2.8];
dstep(num,den)                        % 采样系统的单位阶跃响应曲线
title('Discrete Step Response')
grid
```

运行程序，得到采样系统的单位阶跃响应曲线，如图7 – 13所示。

例 7 – 34　求二阶系统$\dfrac{C(z)}{R(z)} = \dfrac{z^2 - 7.4z + 0.5}{3z^2 + 0.6z + 2.3}$对100点随机噪声的响应。

【分析】

这里随机噪声的描述要用到函数 rand( )，其调用格式为

```
rand(m,n)                             % 生成 m × n 阶的随机数矩阵
```

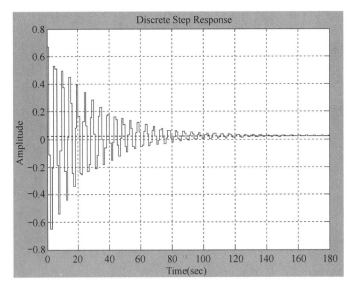

图 7 - 13　采样系统的单位阶跃响应曲线

输入 MATLAB 程序如下：

```
num = [1 -7.4 0.5];
den = [3 0.6 2.3];
u = rand(100,1);              % 生成 100 点随机噪声
dlsim(num,den,u)
grid
```

运行程序，得到二阶系统的单位阶跃响应曲线，如图 7 - 14 所示。

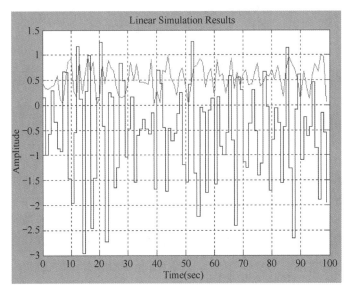

图 7 - 14　二阶系统的单位阶跃响应曲线

7.4 根轨迹分析

根轨迹就是根据开环传递函数模型的零极点画出闭环系统根的运动情况，即当系统中的某一或某些参量变化时，特征方程的根在 s 平面上运动的轨迹。根轨迹法是分析和设计线性定常系统的图解法，是古典控制理论中的基本方法之一。通常，为了求解特征方程的根，需将特征多项式分解因式。这对于三阶以上的系统显得很困难，从而导致绘制系统的根轨迹很烦琐。MATLAB提供了专门绘制根轨迹的函数，使绘制根轨迹变得轻松，如表 7 – 6 所示。

表 7 – 6 系统根轨迹绘制及零极点分析函数

函数名	功　能	调用格式
pzmap( )	绘制系统的零极点图	pzmap(sys)
rlocus( )	绘制系统的根轨迹	rlocus(sys)
tzero( )	求系统的传输零点	z = tzero(sys)
rlocfind( )	计算给定根轨迹增益	[k，poles] = rlocfind(sys)
ploe( )	求系统的极点	p = pole(sys)
sgrid( )	绘制连续系统根轨迹和零极点图中的阻尼比和自然振荡频率栅格	sgrid
zgrid( )	绘制离散系统根轨迹和零极点图中的阻尼比和自然振荡频率栅格	zgrid
esort( )	连续系统极点按实部降序排列	s = esort(p)
dsort( )	离散系统极点按幅值降序排列	s = dsort(p)

例 7 – 35　已知单位负反馈系统的开环传递函数模型为

$$G(s) = \frac{k(s^2 + 2s + 4)}{s(s+1)(s+6)(s^2 + 1.4s + 1)}$$

试绘制系统的根轨迹，并绘制零极点图中的阻尼比和自然振荡频率栅格。

输入 MATLAB 程序如下：

```
num =[1 2 4];
den = conv(conv(conv([1 0],[1 1]),[1,6]),[1 1.4 1]);
pzmap(num,den);                % 绘制系统的零极点图
rlocus(num,den)                % 绘制系统的根轨迹
title('Root Locus')
sgrid                          % 绘制阻尼比和自然振荡频率栅格
```

运行程序，得到系统的根轨迹，如图 7 – 15 所示。

例 7 – 36　已知单位负反馈系统的开环传递函数模型为

$$G(s) = \frac{k(s+5)}{s(s+2)(s+3)}$$

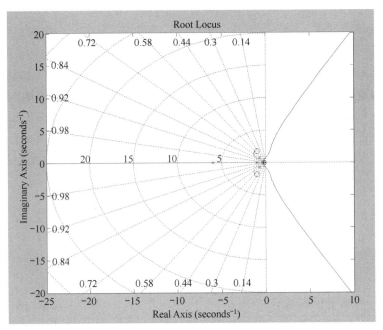

图 7 - 15　例 7 - 35 的系统根轨迹

试求系统的极点，同时绘制闭环系统的根轨迹，并确定交点处的增益 k。

输入 MATLAB 程序如下：

```
num =[1 5];
den =[1 5 6 0];
G = tf(num,den);
p = pole(G)                          % 求系统的极点
rlocus(num,den);
title('Root Locus Plot of (s +5)/s(s +2)(s +3)');
sgrid
[k,p] = rlocfind(num,den)
```

运行结果为

```
p = 0
   -3.0000
   -2.0000
Select a point in the graphics window
```

同时，运行程序绘制出的根轨迹如图 7 - 16 所示，用户工作窗口中显示"Select a point in the graphics window"，提示用户在图形窗口中选择根轨迹上的一点，以计算增益 k 及相应的极点，此时指针变为十字形光标，将其放在根轨迹的交点处并单击，则运行结果为

```
selected_point = -0.8827 - 0.0248i
k = 0.5075
p = -3.2272
   -0.8864 + 0.0246i
   -0.8864 - 0.0246i
```

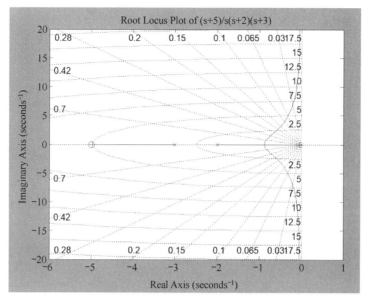

图 7 – 16 例 7 – 36 的系统根轨迹

这也证实了系统有 3 个极点。

例 7 – 37 已知开环传递函数模型为 $G(s) = \dfrac{k(s+2)(s+3)}{s(s+1)}$，绘制闭环系统的根轨迹，并求出当闭环极点为 $p = -0.707$ 时，系统所对应的增益 k。

输入 MATLAB 程序如下：

```
z = [ -2  -3];
p = [0  -1];
k = 1;
g = zpk(z,p,k);
rlocus(g);
[k,poles] = rlocfind(g, -0.707)
                            % 极点为 p = -0.707 时系统的增益 k
```

运行结果为

```
k =   0.0699
poles = -0.7070
        -0.5542
```

上述运行结果中，k、poles 分别为所求的增益值和另一个极点。绘制系统的根轨迹，如图 7 – 17 所示。

例 7 – 38 已知系统的开环传递函数模型为 $G(s) = \dfrac{k(s^2 + 4s + 16)}{s(s+4)(s^2 + 2s + 2)}$，绘制闭环系统的根轨迹，并求出系统的临界增益 k。

输入 MATLAB 程序如下：

```
num = [1  4  16];
```

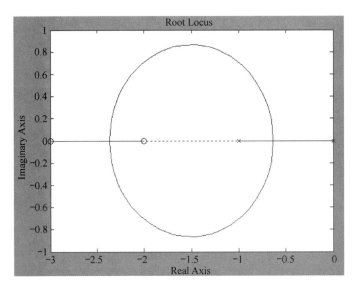

图 7 - 17   例 7 - 37 系统的根轨迹

```
den1 = [1 4 0];den2 = [1 2 2];
s1 = tf(num,den1);
s2 = tf(1,den2);
[num,den] = series(num,den1,1,den2);
rlocus(num,den)
sgrid
[k,p] = rlocfind(num,den)
```

运行程序，得到系统的根轨迹，如图 7 - 18 所示。

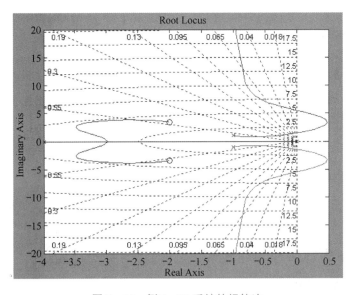

图 7 - 18   例 7 - 38 系统的根轨迹

将十字光标放在根轨迹与虚轴的交点处并单击，则运行结果为

```
selected_ point = 0.0041 + 1.4286i
k = 1.1538
p = -3.0033
    -2.9686
    -0.0140 + 1.4389i
    -0.0140 - 1.4389i
```

7.5 频 域 分 析

频域分析法是一种图解分析方法，其特点是可以根据系统的开环频率特性判断闭环系统的性能。在正弦输入信号的作用下，系统输出的稳态分量即频率响应。所谓频率特性就是频率响应与正弦输入信号之间的关系，其主要适用于线性定常系统，也可以推广到某些非线性系统中去，是研究控制系统的一个重要工具。频域分析用到的数学工具是傅里叶变换，在工程实际中，频率特性 $G(jw)$ 常用对数坐标图即伯德图（Bode 图）和极坐标图即奈奎斯特曲线（Nyquist 曲线）表示，另外还有对数幅相图亦即尼柯尔斯曲线（Nichols 曲线）。

MATLAB 工具箱提供了很多用于频域分析的函数和工具，如表 7 - 7 所示。

例 7 - 39 已知四阶系统的传递函数模型为 $G(s) = \dfrac{0.05\,s + 0.045}{(s^2 - 1.8\,s + 0.9)\,(s^2 + 5\,s + 6)}$，绘制其伯德图。

输入 MATLAB 程序如下：

```
num = [0.05 0.045];den = conv([1 -1.8 0.9],[1 5 6]);
bode(num,den)
```

运行程序，绘制的伯德图如图 7 - 19 所示。

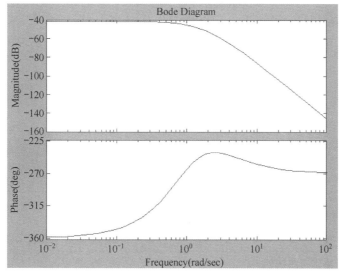

图 7 - 19　例 7 - 39 系统的伯德图

表 7－7　频域分析函数

函数名	功　能	调用格式	说　明
bode( )	连续系统的 Bode 图	bode(sys) bode(sys, w) [mag, phase] = bode(sys, w) [mag, phase, w] = bode(sys)	sys 可以是 tf、zpk、ss 或 frd 任一对象 margin( ) 函数中的 sys 可以是连续系统，也可以是离散系统的对象 mag 是系统的幅值，不是分贝值；phase 是系统的相位值
dbode( )	离散系统的伯德图	dbode(A, B, C, D, Ts, iu) dbode(num, den, Ts) dbode(A, B, C, D, Ts, iu, w) dbode(num, den, Ts, w) [mag, phase, w] = dbode(A, B, C, D, Ts) [mag, phase, w] = dbode(num, den, Ts)	
freqs( )	连续系统的幅频特性	y = freqs(num, den, w) [y, w] = freqs(num, den)	
freqz( )	离散系统的幅频特性	[y, w] = freqz(num, den, N)	
nichols( )	连续系统的尼柯尔斯曲线	nichols(sys) nichols(sys, w) [mag, phase] = nichols(sys, w) [mag, phase, w] = nichols(sys)	
dnichols( )	离散系统的尼柯尔斯曲线	dnichols(A, B, C, D, Ts, iu) dnichols(num, den, Ts) dnichols(A, B, C, D, Ts, iu, w) dnichols(num, den, Ts, w) [mag, phase, w] = nichols(A, B, C, D, Ts) [mag, phase, w] = nichols(num, den, Ts)	
nyquist( )	连续系统的奈奎斯特曲线	nyquist(sys) nyquist(sys, w) [re, im] = nyquist(sys, w) [re, im, w] = nyquist(sys)	re 为 G(jw) 的实部向量，im 为 G(jw) 的虚部向量，w 为频率向量 G_m 是幅值裕度，P_m 是相角裕度，W_{cg} 是幅值穿越频率，W_{cp} 是相角穿越频率 iu 表示从系统第 iu 个输入到所有输出的曲线图
dnyquist( )	离散系统的奈奎斯特曲线	dnyquist(A, B, C, D, Ts, iu) dnyquist(num, den, Ts) dnyquist(A, B, C, D, Ts, iu, w) dnyquist(num, den, Ts, w) [re, im, w] = dnyquist(A, B, C, D, Ts) [re, im, w] = dnyquist(num, den, Ts)	
margin( )	求幅值裕度和相角裕度	margin(sys) [G_m, P_m, W_{cg}, W_{cp}] = margin(sys) [G_m, P_m, W_{cg}, W_{cp}] = margin(mag, phase, w)	
ngrid( )	绘制尼柯尔斯曲线的网格线	ngrid	

例 7 - 40 已知振荡环节的传递函数模型为 $G(s)=\dfrac{36}{s^2+12\zeta s+36}$，绘制其伯德图，其中阻尼比 ζ 的取值分别为 0.1、0.3、0.5、0.7、1.0、1.5、2.0。

输入 MATLAB 程序如下：

```
clf
clear all
e = [0.1,0.3,0.5,0.7,1.0,1.5,2.0];
w = logspace( -1,2);
wn = 6;
for i = e;
    num = wn.^2;
    den = [1 2 * i * wn wn.^2];
    bode(num,den,w)
    hold on
end
grid on
gtext('0.1')
gtext('2.0')
gtext('0.1')
gtext('2.0')
```

运行程序，得到伯德图，如图 7 - 20 所示。由图可知，在 $\omega=\omega_n$ 时，相角为 $-90°$，频率响应的幅值最大。

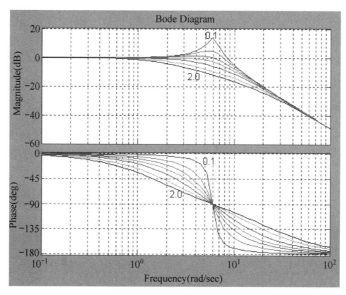

图 7 - 20 例 7 - 40 振荡环节的伯德图

例 7 - 41 已知系统的传递函数模型为 $G(s)=\dfrac{s^4+s^3+3s^2-10s+13}{s^5+2s^4+s^3+7s^2+6s+11}$，绘制其伯德图，要

求伯德图的频率范围为 0.01 ~ 100 rad/s，并绘制尼柯尔斯曲线和相应的网格线。

输入 MATLAB 程序如下：

```
num = [1 1 3 -10 13];
den = [1 2 17 6 11];
w = logspace( -2,2);              % 生成对数横坐标,频率范围为 0.01 ~ 100
figure(1)
bode(num,den ,w)
grid
figure(2)
nichols(num,den)
ngrid                             % 绘制尼柯尔斯曲线的网格线
```

运行程序，得到伯德图，如图 7 - 21 所示，尼柯尔斯曲线如图 7 - 22 所示。

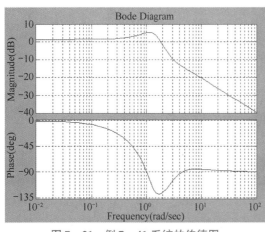

图 7 - 21   例 7 - 41 系统的伯德图

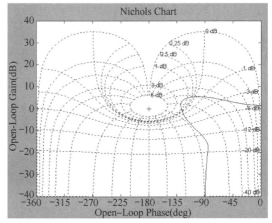

图 7 - 22   例 7 - 41 系统的尼柯尔斯曲线

例 7 - 42   已知二阶系统的开环传递函数模型为 $G(s) = \dfrac{7}{(1 + 0.3s)(1 + 0.5s)}$，求其幅频特性。

输入 MATLAB 程序如下：

```
num = 7;
den = conv([1 0.3],[1 0.5]);
w = -2:0.01:2;                    % 频率范围为 -2 ~ 2
g = freqs(num,den,w);            % 频率特性
mag = abs(g);                     % 频率响应的幅值
phase = angle(g);                 % 频率响应的相角
subplot(211)
plot(w,mag)                       % 绘制幅频特性曲线
title('7/(1 + 0.3s)(1 + 0.5s)的频率特性');
xlabel('Frequency/rad/s');
ylabel('Amplitude Response');
grid
subplot(212)
```

```
plot(w,phase)                          % 绘制相频特性曲线
xlabel('Frequency/rad/s');
ylabel('Phase Response');
grid
```

运行程序，得到系统的幅频特性曲线，如图 7 – 23 所示。

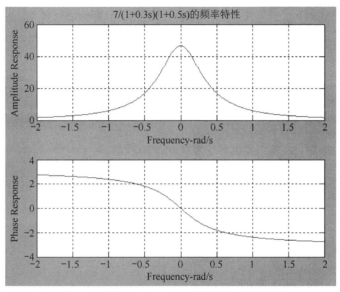

图 7 – 23　例 7 – 42 二阶系统的幅频特性曲线

例 7 – 43　已知三阶系统的开环传递函数模型为 $G(s) = \dfrac{3.5}{s^3 + 3 s^2 + 2 s + 1}$，绘制其伯德图和奈奎斯特曲线，并求系统频率响应的性能指标。

输入 MATLAB 程序如下：

```
num = [3.5];
den = [1 3 2 1];
figure(1)
bode(num,den)
figure(2)
nyquist(num,den)
[Gm,Pm,Wcg,Wcp] = margin(num,den)
grid
```

运行结果为

```
Gm =    1.4294
Pm =   10.3992
Wcg =    1.4146
Wcp =    1.2169
```

以上数据为运行程序后得到的幅值裕度、相角裕度、幅值穿越频率、相角穿越频率。

三阶系统的伯德图如图 7 – 24 所示，奈奎斯特曲线如图 7 – 25 所示。

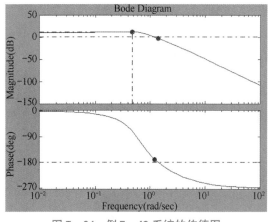

图 7-24 例 7-43 系统的伯德图

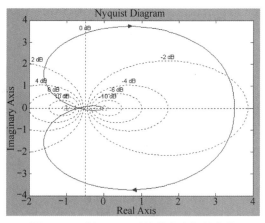

图 7-25 例 7-43 系统的奈奎斯特曲线

例 7-44 已知线性时不变系统的状态空间模型描述如下：

$$\dot{x} = \begin{pmatrix} 2.25 & -5 & -1.25 \\ 2.25 & -4.25 & -1.25 \\ 0.25 & -0.5 & -1.25 \end{pmatrix} x + \begin{pmatrix} 4 \\ 2 \\ 2 \end{pmatrix} u$$

$$y = (0 \quad 2 \quad 0) x$$

绘制奈奎斯特曲线。

输入 MATLAB 程序如下：

```
A = [2.25, -5, -1.25;2.25, -4.25, -1.25;0.25, -0.5, -1.25];
B = [4;2;2];
C = [0 2 0];
D = [0];
nyquist(A,B,C,D)
grid
```

运行程序，得到奈奎斯特曲线如图 7-26 所示。由图可知，奈奎斯特曲线并没有包围（-1，0i）点。关于曲线包围（-1，0i）点与否将在后面分析系统的稳定性中用到。

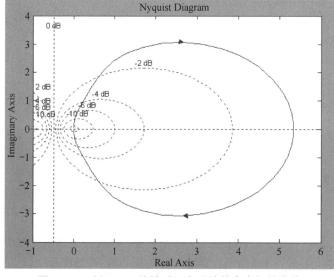

图 7-26 例 7-44 线性时不变系统的奈奎斯特曲线

例 7-45 已知二阶系统的传递函数模型为 $G(s) = \dfrac{1}{s^2 + 0.3\,s + 1}$，试分别绘制其阶跃响应曲线、伯德图、尼柯尔斯曲线及极坐标图。

输入 MATLAB 程序如下：

```
num = 1;
den = [1 0.3 1];
[numc,denc] = cloop(num,den);
subplot(221)
step(numc,denc)
subplot(222)
bode(num,den)
subplot(223)
nichols(num,den)
subplot(224)
nyquist(num,den)
```

运行程序，得到4种曲线，如图7-27所示。由阶跃响应曲线和奈奎斯特曲线可以看出系统是稳定的。

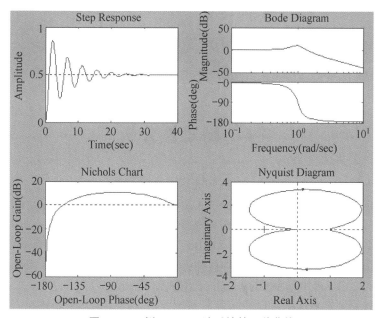

图 7-27　例 7-45 二阶系统的 4 种曲线

例 7-46 已知离散二阶系统的传递函数模型为 $G(z) = \dfrac{3z^2 - 3.4z + 1.7}{2z^2 - 1.3z + 0.5}$，绘制其伯德图及奈奎斯特曲线。

输入 MATLAB 程序如下：

```
num = [3 -3.4 1.7];
den = [2 -1.3 0.5];
Ts = 0.1;
```

```
figure(1)
dbode(num,den,Ts)
title('Bode Plot of Discrete System')
grid on
figure(2)
dnyquist(num,den,Ts)
title('Nyquist Plot of Discrete System')
grid
```

运行结果如图 7 - 28 和图 7 - 29 所示。

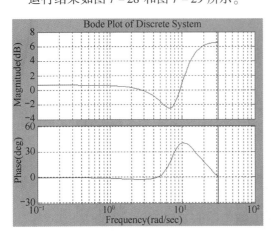

图 7 - 28　例 7 - 46 离散二阶系统的伯德图

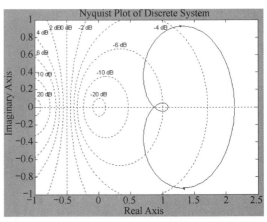

图 7 - 29　例 7 - 46 离散二阶系统的奈奎斯特曲线

7.6　稳定性分析

在控制系统中，稳定性是区别有用系统和无用系统的标志，也是设计控制系统的首要技术要求。对于线性定常系统来说，稳定的充要条件是系统传递函数的全部极点均位于 s 平面的左半部或者全部极点都具有负实部。对于离散时间系统而言，稳定的充要条件是闭环系统的所有特征根的模均小于 1，或者其闭环脉冲传递函数的极点均位于 z 平面上以原点为圆心的单位圆之内。

最小相位系统是指系统的所有零极点均具有负实部，或者所有的零极点均位于 z 平面上以原点为圆心的单位圆之内，所以最小相位系统一定是稳定的系统。

分析系统的各种仿真方法均可以用来判断系统的稳定性，比如根轨迹法、频域分析法等。MATLAB 能够方便快捷地解决稳定性的判断问题。

7.6.1　直接求根法

通过 MATLAB 中的 roots( ) 或 eig( ) 函数直接计算系统的特征根，依据系统稳定的充要条件判断系统的稳定性，调用格式分别为

```
roots(D)
eig(A)
pole(G)
```

具体每个函数的用法见下面的例题。

例 7-47 已知闭环系统的特征方程为 $s^4 + 3s^3 + 4s^2 + 7s - 33 = 0$，判断该系统的稳定性。

输入 MATLAB 程序如下：

```
D = [1 3 4 7 -33];
p = roots(D)
```

运行结果为

```
p = -3.3266 + 0.0000i
    -0.5704 + 2.5367i
    -0.5704 - 2.5367i
     1.4674 + 0.0000i
```

由结果可知，系统的极点不都具有负实部，所以系统不稳定。

例 7-48   已知系统的传递函数模型为 $G(s) = \dfrac{s^3 + 11s^2 + 27s + 27}{s^4 + 12s^3 + 33s^2 + 45s + 26}$，判断系统的稳定性。

输入 MATLAB 程序如下：

```
num = [1 11 27 27];
den = [1 12 33 45 26];
G = tf(num,den);
p = pole(G)
```

运行结果为

```
p = -8.7898
    -0.9657 + 1.1750i
    -0.9657 - 1.1750i
    -1.2787
```

由运行结果可知，系统的4个极点均具有负实部，所以系统稳定。

例 7-49   已知系统的前向通道传递函数模型为 $G(s) = \dfrac{3}{s^2 + s + 5}$，反馈通道传递函数模型为

$H(s) = \dfrac{1}{2s + 3}$，二者组成负反馈系统，判断该系统的稳定性。

输入 MATLAB 程序如下：

```
clear all
num1 = [3];
den1 = [1 1 5];
G = tf(num1,den1);
num2 = [1];
den2 = [2 3];
H = tf(num2,den2);
sys = feedback(G,H);
p = eig(sys);           % 计算系统的特征根
a = find(real(p) > 0);  % 将具有正实部的极点赋值给变量a
n = length(a);          % 将具有正实部的极点个数赋值给变量n
if(n > 0)               % 若具有正实部的极点个数有一个或多个,则系统不稳定
```

```
    disp('The System is Unstable')
else                                 % 若具有正实部的极点个数为零,则系统稳定
    disp('The System is stable')
end
```

运行结果为

```
The System is stable
```

其中，real( )函数用来计算参数的实数部分；find( )是一个条件函数，调用格式为 find（条件）；roots( )函数的参数是多项式系数向量；eig( )函数的参数是方阵或者系统模型。

7.6.2 零极点模型法

用零极点模型法判断系统稳定的过程是：把给定的系统转换为零极点增益模型，结合系统稳定的充要条件，只通过分析零极点实部的正/负，不用计算系统的特征根，从而判断系统的稳定性。

例 7 – 50 已知系统的输入 – 输出关系用状态空间模型描述如下：

$$\dot{x} = \begin{pmatrix} 2.25 & -5 & -1.25 \\ 2.25 & -4.25 & -1.25 \\ 0.25 & -0.5 & -1.25 \end{pmatrix} x + \begin{pmatrix} 6 \\ 4 \\ 2 \end{pmatrix} u$$

$$y = (0 \quad 2 \quad 0)x$$

判断系统的稳定性，同时判断系统是否为最小相位系统。

输入 MATLAB 程序如下：

```
clear all
A = [2.25 -5 -1.25;2.25 -4.25 -1.25;0.25 -0.5 -1.25];
B = [6;4;2];
C = [0 2 0];
D = 0;
[z,p,k] = ss2zp(A,B,C,D);               % 转换为零极点增益模型
a = find(real(p) >0);
b = find(real(z) >0);
n1 = length(a);
n2 = length(b);
if(n1 >0)
    disp('The System is Unstable')
                                        % 不稳定的系统肯定是非最小相位系统
    disp('The System is Nonminimal Phase System')
else
    disp('The System is stable')
    if(n2 >0)                           % 具有负实部的极点和正实部的零点也是非
                                        最小相位系统
        disp('The System is Nonminimal Phase System')
```

```
        else
            disp('The System isMinimal Phase System')
        end
    end
```

运行结果为

```
The System is stable

The System is Minimal Phase System
```

显然，这比第一种方法略去了求特征根的步骤，变得相对简单一点。

例 7-51　已知离散系统的开环传递函数模型为 $G(z) = \dfrac{z^5 + 6z^4 - 2z^3 + 8z^2 - 11z + 2}{2z^5 + 3z^3}$，判断系统的稳定性，同时判断系统是否为最小相位系统。

输入 MATLAB 程序如下：

```
num1 = [1 6 -2 8 -11 2];
den1 = [2 0 3 0 0 0];
[num,den] = cloop(num1,den1);
[z,p] = tf2zp(num,den);        % 计算系统的零极点
a = find(abs(p) > 1);          % 将模值大于1的极点赋值给变量a
b = find(abs(z) > 1);          % 将模值大于1的零点赋值给变量b
n1 = length(a);
n2 = length(b);
% 判断系统的稳定性及是否为最小相位系统
if(n1 > 0)
    disp('The System is Unstable')
    disp('The System is Nonminimal Phase System')
else
    disp('The System is stable')
    if(n2 > 0)
        disp('The System is Nonminimal Phase System')
    else
        disp('The System is Minimal Phase System')
    end
end
```

运行结果为

```
The System is Unstable

The System is Nonminimal Phase System
```

7.6.3　零极点分布图法

对于线性定常系统，利用 pzmap( ) 函数绘制闭环系统的零极点分布图，观察极点是否位于 s 平面的负半平面，从而判断系统的稳定性，调用格式为

```
pzmap(num,den)
```
或
```
pzmap(A,B,C,D)
```
对于离散系统绘制其零极点分布图，利用 zplane( )函数，其调用格式为
```
zplane(num,den)
```
例 7 – 52　对于例 7 – 49 中的系统，绘制其闭环零极点分布图，并判断系统的稳定性。

输入 MATLAB 程序如下：
```
clear all
num1 = [3];
den1 = [1 1 5];
G = tf(num1,den1);
num2 = [1];
den2 = [2 3];
H = tf(num2,den2);
sys = feedback(G,H);
pzmap(sys)
```
运行程序，绘制的零极点分布图如图 7 – 30 所示。

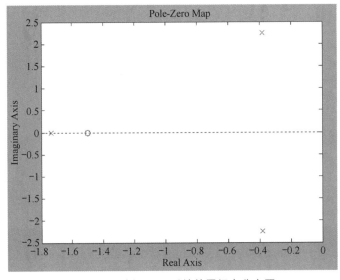

图 7 – 30　例 7 – 52 系统的零极点分布图

由图可知，闭环系统的极点均位于 s 平面的左半部，系统是稳定的。具体的零极点值可以通过用单击零极点分布图中的零极点得到，如图 7 – 31 所示。所得零极点值分别为 – 0.381 + 2.24i、 – 0.381 – 2.24i 和 – 1.74，这与用函数 p = eig(sys) 求得的结果一致。

例 7 – 53　已知离散系统的闭环脉冲传递函数模型为 $\dfrac{C(z)}{R(z)} = \dfrac{z^{-1} + 3z^{-2} + z^{-3}}{1 - 0.5z^{-1} - 0.007z^{-2} + 0.5z^{-3}}$，判断系统的稳定性。

【分析】

通过绘制离散系统的零极点分布图来判断其稳定性。

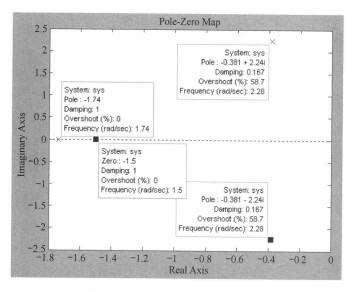

图 7 – 31　例 7 – 52 系统的零极点值

输入 MATLAB 程序如下：

```
num = [0 1 3 1];
den = [1 -0.5 -0.007 0.5];
zplane(num,den)
title('Poles and Zeros of Discrete System')
```

运行程序，得到零极点分布图，如图 7 – 32 所示。由图可知，离散系统的闭环极点均位于 z 平面上以原点为圆心的单位圆之内，所以该系统是稳定的。

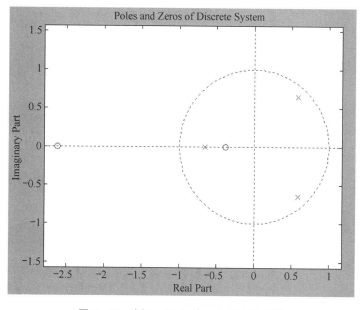

图 7 – 32　例 7 – 53 系统的零极点分布图

7.6.4 根轨迹法

通过根轨迹可知，轨迹与虚轴的交点即临界稳定状态，增益取值满足轨迹在虚轴以左系统就稳定，轨迹在虚轴以右则系统不稳定。由此可以判断系统的稳定性和临界稳定条件。

例 7 – 54　有一单位负反馈控制系统，其开环传递函数模型为 $G(s)H(s) = \dfrac{k}{s(s+5)(s^2+2s+2)}$，试判断其稳定性，并求出临界稳定条件。

输入 MATLAB 程序如下：

```
num = 1;
den = conv([1 5 0],[1 2 2]);
rlocus(num,den)
[k,p] = rlocfind(num,den)
```

在程序运行过程中，先得到根轨迹，然后通过十字光标单击根轨迹与虚轴的交点，即可得到临界稳定条件，运行结果为

```
Select a point in the graphics window
selected_point =   0.0024 + 1.2174i
k =    15.6433
p =   -4.7870
     -2.2373
      0.0121 + 1.2085i
      0.0121 - 1.2085i
```

可知系统处于临界稳定状态的增益值为 $k = 15.6$，如图 7 – 33 所示。

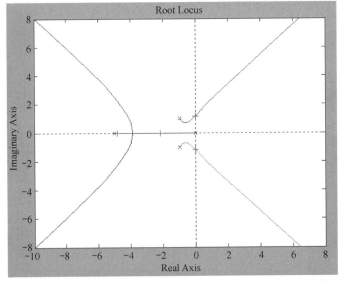

图 7 – 33　利用根轨迹法求例 7 – 54 中系统的临界稳定条件

例 7 – 55　绘制当增益分别为 $k = 15$ 及 $k = 16$ 时，例 7 – 54 中系统的闭环脉冲响应，同时判断其稳定性。

输入 MATLAB 程序如下：

```
num1 = 1;
den1 = conv([1 5 0],[1 2 2]);
k = 15;
num2 = 15 * num1;
[num,den] = cloop(num2,den1);
subplot(211)
impulse(num,den)
title('Impulse Response (k = 15)')
num3 = 16 * num1;
[num,den] = cloop(num3,den1);
subplot(212)
impulse(num,den)
title('Impulse Response (k = 16)')
```

运行结果如图 7 – 34 所示。

由图可知，$k = 15$ 时脉冲响应收敛，闭环系统是稳定的；$k = 16$ 时脉冲响应发散，闭环系统不稳定，这也恰好验证了例 7 – 54 中的临界稳定条件。

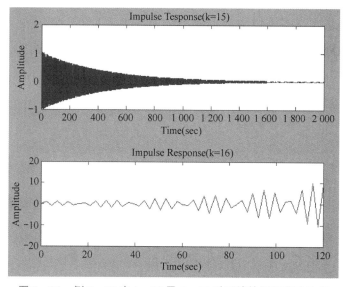

图 7 – 34 　例 7 – 54 中 $k = 15$ 及 $k = 16$ 时系统的闭环脉冲响应

7.6.5 频域法

在控制系统的频域分析中，根据奈奎斯特稳定判据（奈氏判据）所述，闭环系统稳定的充要条件是：当 ω 从 $-\infty$ 变化到 $+\infty$ 时，系统的频率特性按逆时针方向包围（-1，$0i$）点 P 周，其中 P 是位于 s 平面右半部的开环极点数目。

例 7 – 56　已知线性时不变系统的状态空间模型描述如下：

$$\dot{x} = \begin{pmatrix} 2.25 & -5 & -1.25 \\ 2.25 & -4.25 & -1.25 \\ 0.25 & -0.5 & -1.25 \end{pmatrix} x + \begin{pmatrix} 4 \\ 2 \\ 2 \end{pmatrix} u$$

$$y = (0 \quad 2 \quad 0) x$$

要求绘制其伯德图和奈奎斯特曲线，判断系统的稳定性，如果稳定，求出稳定裕度，并绘制系统的单位脉冲响应曲线以验证判断结论。

输入 MATLAB 程序如下：

```
A = [2.25, -5, -1.25;2.25, -4.25, -1.25;0.25, -0.5, -1.25];
B = [4;2;2];
C = [0 2 0];
D = [0];
[z,p,k] = ss2zp(A,B,C,D)
subplot(221);
bode(A,B,C,D);
subplot(222);
nyquist(A,B,C,D);
subplot(223);
margin(A,B,C,D);
[Ac,Bc,Cc,Dc] = cloop(A,B,C,D);
subplot(224);
impulse(Ac,Bc,Cc,Dc);
```

运行结果为

```
z = -1.1250 + 1.1110i
    -1.1250 - 1.1110i
p = -0.8750 + 0.6960i
    -0.8750 - 0.6960i
    -1.5000
k =  4
```

绘制的伯德图、奈奎斯特曲线、系统稳定裕度以及系统的单位脉冲响应曲线如图 7 - 35 所示。从仿真图中可以看到系统没有位于 s 平面右半部的开环极点，即 $P = 0$。奈奎斯特曲线不包围（ -1，0i）点，所以系统稳定。图中得出的稳定裕度为无穷大，可见稳定性非常好。闭环系统的单位脉冲响应曲线是收敛的，完全吻合上述稳定性的结论。总之，该系统是稳定的。

例 7 - 57　已知离散二阶系统的开环传递函数模型为 $G(z) = \dfrac{z^2 - 5.4z + 3.7}{2z^2 - 0.3z + 0.5}$，试根据奈奎斯特曲线判断其稳定性。

输入 MATLAB 程序如下：

```
num = [1 -5.4 3.7];
den = [2 -0.3 0.5];
Ts = 0.1;
[z,p] = tf2zp(num,den)
dnyquist(num,den,Ts)
```

运行结果为

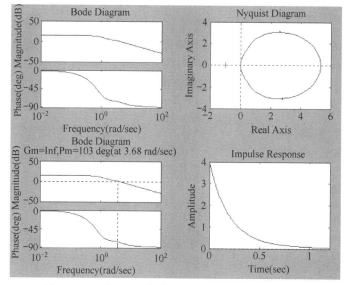

图7-35　例7-56线性时不变系统的4种仿真曲线

```
z = 4.5947
   0.8053
p = 0.0750 + 0.4943i
   0.0750 - 0.4943i
```

奈奎斯特曲线如图7-36所示。系统有两个位于s平面右半部的开环极点，即P=2。观察奈奎斯特曲线，可见曲线顺时针包围（-1，0i）点1周，所以系统是不稳定的。

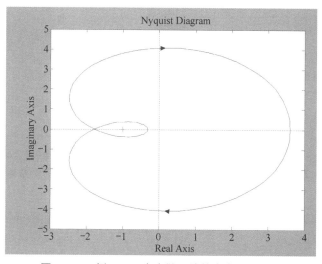

图7-36　例7-57中离散系统的奈奎斯特曲线

7.6.6　李雅普诺夫稳定性

李雅普诺夫定义的稳定并不要求处于平衡状态的系统在干扰作用离开之后最终恢复原始的平衡状态，而只要回到某一个允许的偏差区域内即可，即"小偏差"稳定性。

对于一个系统，如果能够找到一个矩阵 P，满足李雅普诺夫矩阵方程 $AP + P^{\mathrm{T}}A = -Q$，则系统是稳定的。其中，$A$ 为状态空间模型的系数矩阵；Q 为任意给定的正定实对称矩阵；P 为实对称矩阵，是李雅普诺夫矩阵方程的解矩阵。该描述为李雅普诺夫第二法，若能够找到矩阵 P，则系统对于平衡点 $x = 0$ 是大范围稳定的；否则不稳定。

在 MATLAB 中，求解李雅普诺夫矩阵方程的函数是 lyap( )，调用格式为

```
lyap(A,Q)
```

或

```
lyap(A,B,C)
```

例 7 – 58 已知某系统的系数矩阵 $A = \begin{pmatrix} 1 & -3.5 & 4.5 \\ 2 & -4.5 & 4.5 \\ -1 & 1.5 & -2.5 \end{pmatrix}$，试判断系统的稳定性。

【分析】

已知系数矩阵，故可用李雅普诺夫第二法判断其稳定性。

输入 MATLAB 程序如下：

```
A = [1 -3.5 4.5;2 -4.5 4.5;-1 1.5 -2.5];
Q = eye(3,3);
P = lyap(A,Q)
% 判断矩阵 P 的定号性
P1 = det(P(1,1))
P2 = det(P(1:2,1:2))
P3 = det(P)
```

运行结果为

```
P = 1.4825    0.5825    0.0125
    0.5825    0.6825    0.3125
    0.0125    0.3125    0.3825
P1 =    1.4825
P2 =    0.6725
P3 =    0.1169
```

运行结果李雅普诺夫矩阵方程的解。

结果表明，P1 > 0，P2 > 0，P3 > 0，即解矩阵 P 是正定的，观察 P 本身可看出其为实对称的，满足李雅普诺夫第二法的充要条件，系统关于状态空间的原点是大范围渐近稳定的。

7.7　控制系统的设计与校正

前面对控制系统进行了各种域的分析，本节讨论控制系统的设计与校正问题，这是控制系统分析的逆问题。设计控制系统就是在系统中引入适当的环节，以对原有系统的某些性能进行校正，使其达到要求的指标。常用的校正装置有无源校正装置和有源校正装置，所采用的方法一般依据性能指标的形式而定，最常用的两种经典方法是根轨迹法和频域法。在设计过程中，根据要求选择合适的装置和参数，要对校正前、后系统的性能指标进行比较检查，最终得到令人满意的校正装置。

例 7-59 已知一单位负反馈系统的开环传递函数模型为 $G_0(s) = \dfrac{5}{s^3 + 5s^2 + 4s}$，现在在系统中串联一含有零极点的校正装置 $G_c(s) = \dfrac{5.94(s+1.2)}{(s+4.95)}$。试分析系统校正前、后的时域特性和频域特性。

【分析】

系统校正后的开环传递函数模型为

$$G(s) = G_0(s)G_c(s) = \frac{29.7(s+1.2)}{(s^3+5s^2+4s)(s+4.95)} = \frac{29.7(s+1.2)}{s(s+1)(s+4)(s+4.95)}$$

用程序分别计算校正前、后时域和频域性能指标。

输入 MATLAB 程序如下：

```
num1 = [5];
den1 = [1 5 4 0];
[numc1,denc1] = cloop(num1,den1);          % 校正前的闭环传递函数模型
z = [-1.2];
p = [0, -1, -4, -4.95];
k = 29.7;
[num2,den2] = zp2tf(z,p,k);                % 校正装置
[numc2,denc2] = cloop(num2,den2);          % 校正后的闭环传递函数模型
t = 0:0.1:18;
figure(1)
% 用虚线表示校正前的阶跃响应曲线
y1 = step(numc1,denc1,t);
plot(t,y1,'--')
grid on
hold on
% 计算校正前后的暂态性能指标
Finalvalue1 = dcgain(numc1,denc1);
[Yss1,n] = max(y1);
Overshoot1 = 100 * (Yss1 - Finalvalue1)/Finalvalue1
% 校正前的最大超调量
% 计算校正前的上升时间
n = 1;
while y1(n) < Finalvalue1
    n = n + 1;
end
n = n - 1;
Tr1 = t(n)
% 计算校正前的调整时间
l = length(t);
while (y1(l) > 0.98 * Finalvalue1)&(y1(l) < 1.02 * Finalvalue1)
    l = l - 1;
end
```

```
l = l + 1;
Ts1 = t(l)
Finalvalue2 = dcgain(numc2,denc2);
[Yss2,n] = max(y2);
Overshoot2 = 100 * (Yss2 - Finalvalue2)/Finalvalue2
% 校正后的最大超调量
% 计算校正后的上升时间
n = 1;
while y2(n) < Finalvalue2
    n = n + 1;
end
n = n - 1;
Tr2 = t(n)
% 计算校正后的调整时间
l = length(t);
while (y2(l) > 0.98 * Finalvalue2)&(y2(l) < 1.02 * Finalvalue2)
    l = l - 1;
end
l = l + 1;
Ts2 = t(l)
% 在同一个图中用实线绘制校正后的阶跃响应曲线
y2 = step(numc2,denc2,t);
plot(t,y2,'-')
legend('校正前','校正后')
title('校正前后系统的单位阶跃响应曲线')
xlabel('Time(secs)');
ylabel('Amplitude');
% 绘制校正前后的伯德图
w = logspace( -2,2,100);
figure(2)
[mag,phase,w] = bode(num1,den1,w);         % 绘制校正前系统的伯德图
margin(mag,phase,w);
grid
figure(3)
[mag,phase,w] = bode(num2,den2,w);         % 绘制校正后系统的伯德图
margin(mag,phase,w);
grid
```

运行结果为

```
Overshoot1 =    35.2916
Tr1 =     2
Ts1 =    10.7000
```

```
Overshoot2 =   19.7608
Tr2 =    1.2000
Ts2 =    4.3000
```

以上数据即求得的时域性能指标。

比较可知，系统串联含有零极点的校正装置后，超调量由原来的35%减小到20%，调整时间由原来的11 s减小到4 s，上升时间由原来的2 s减小到1.2 s，可见响应速度提高了，暂态性能得到明显的改进。校正前、后单位阶跃响应曲线和伯德图分别如图7－37、图7－38及图7－39所示。校正后相角裕度从35.1°提高到48.8°，幅值裕度从12 dB提高到14.7 dB，频域指标有所改进。这印证了时域特征和频域特性之间的关系：频域指标的改进使时域暂态性能得到改进，较大的相角裕度对应较小的超调量。

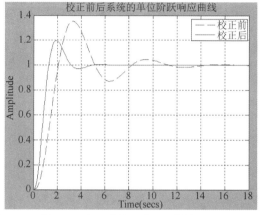

图7－37　例7－59中系统校正前、后的单位阶跃响应曲线

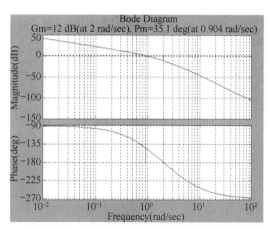

图7－38　例7－59中系统校正前的伯德图

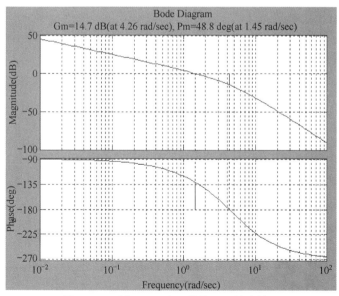

图7－39　例7－59中系统校正后的伯德图

频域法主要是根据频域性能指标进行综合与校正，当系统的性能指标以频域形式给出时，采用此方法较为方便。在实际工程实践中该方法相对简单，应用较广泛。根据校正结构的不同形

式此方法主要可以分为串联校正、反馈校正、前馈补偿及复合校正。下面通过一个例子说明其用 MATLAB 实现的方法。

例 7－60　已知 I 型单位负反馈系统原有部分的开环传递函数模型为 $G_0(s) = \dfrac{K}{s(s+1)}$，要求设计串联校正装置，使系统具有下列性能指标：

（1）在单位斜坡信号的作用下，稳态误差 $e_{ss} \leqslant 0.075$；

（2）剪切频率不小于 4 rad/s；

（3）相角裕度大于 40°，幅值裕度大于 10 dB。

【分析】

$e_{ss} = \dfrac{1}{k} \leqslant 0.075$，即 $k \geqslant 13.333$，故可取 $k = 14$，首先计算原有部分的指标值，并绘制系统的伯德图。

输入 MATLAB 程序如下：

```
% 系统原有部分特性
num0 = 14;
den0 = [1 1 0];
G0 = tf(num0,den0);
w = logspace(-2,2);
figure(1)
bode(G0,w)
margin(G0);
[Gm0,Pm0,Wcg0,Wcp0] = margin(G0)
```

运行结果为

```
Gm0 =    Inf
Pm0 =    15.2205
Wcg0 =    Inf
Wcp0 =    3.6754
```

原有部分的伯德图如图 7－40 所示。可见，未校正系统的剪切频率为 3.65 rad/s，相位裕量是 15°，增益裕量为无穷大，不满足要求。

根据动态性能要求，需要设计一个串联超前校正装置。试探性地引入一个校正装置 $G_c(s) = \dfrac{0.38s+1}{0.127s+1}$，通过下列 MATLAB 程序计算校正后的相角裕度和幅值裕度：

```
% 引入校正装置后系统的特性
numc = [0.38 1];
denc = [0.127 1];
Gc = tf(numc,denc);
G = G0 * Gc            % 校正后系统的开环传递函数模型
w = logspace(-2,2);
figure(2)
bode(G,w)
margin(G);
[Gm,Pm,Wcg,Wcp] = margin(G)
```

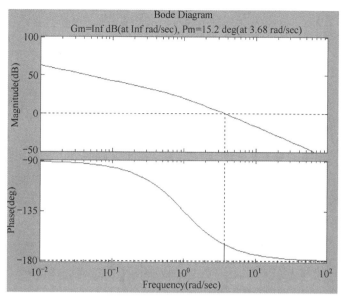

图7-40 例7-60中系统校正前的伯德图

运行结果为

```
Transfer function:
     5.32 s + 14
  -----------------------
0.127 s^3 + 1.127 s^2 + s
Gm =    Inf
Pm =    41.1785
Wcg =   Inf
Wcp =    4.9840
```

以上数据为程序运行后得到的新开环传递函数模型和性能指标。

校正后系统的伯德图如图7-41所示。在校正装置的作用下，系统的剪切频率增加到5 rad/s，相角裕度增加到41.2°，幅值裕度仍然为无穷大，满足性能指标的要求，该校正装置是可行的。

PID控制是比例、积分、微分3种控制作用的叠加，又称为比例-积分-微分校正，是线性系统的基本控制规律，在工业过程控制系统中使用非常广泛。PID控制器（也称PID调节器）的传递函数模型为 $G(s) = k_p + k_d s + \dfrac{k_i}{s}$，在设计时，需要整定 k_p、k_d 和 k_i 这3个参数。

例7-61 已知单位负反馈系统前向通道的传递函数模型为

$$G_0(s) = \frac{35}{(0.000\,02\,s^3 + 0.006\,2\,s^2 + 0.43\,s + 2)s}$$

设计一个PID调节器使系统的暂态性能指标得到明显改善。

【分析】

经分析所设计的PID调节器的传递函数模型为

$$G_c(s) = 0.12 + 3\,s + \frac{10}{s} = \frac{3\,s^2 + 0.12\,s + 10\,s}{s}$$

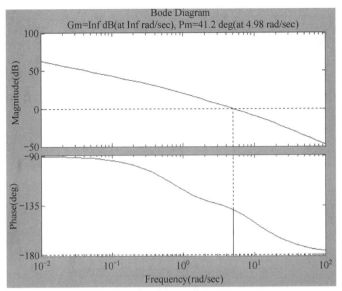

图 7−41　例 7−60 中系统校正后的伯德图

输入 MATLAB 程序如下：

```
num1 = [35];
den1 = [0.00002 0.0062 0.43 2 0];
[numc1,denc1] = cloop(num1,den1);
step(numc1,denc1);
kp = 0.12;
kd = 1.5;
ki = 5;
num2 = [kp kd ki];
den2 = [1 0];
num = conv(num1,num2);
den = conv(den1,den2);
[numc,denc] = cloop(num,den);
disp('校正后的闭环传递函数为:')
G = tf(numc,denc)
hold on
step(numc,denc);
grid
gtext('校正前')
gtext('校正后')
```

运行结果为

校正后的闭环传递函数为：

```
Transfer function:
          4.2 s^2 + 52.5 s + 175
    ------------------------------------------------------
    2e-005 s^5 + 0.0062 s^4 + 0.43 s^3 + 6.2 s^2 + 52.5 s + 175
```

PID 调节器校正前、后的阶跃响应曲线对比如图 7 - 42 所示。超调量、上升时间以及调整时间等暂态性能指标经过 PID 调节器校正后有了明显的改善。

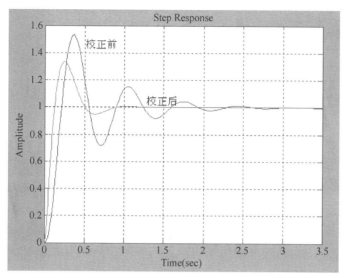

图 7 - 42 PID 调节器校正前、后的阶跃响应曲线对比

习 题 7

7-1 已知系统开环传递函数模型为 $G(s) = \dfrac{50}{(1+0.1s)(1+2s)}$，要求：

(1) 绘制其单位阶跃响应曲线、伯德图及奈奎斯特曲线；

(2) 判断其稳定性。

7-2 已知系统的开环传递函数模型为 $G(s) = \dfrac{s}{s^2+3s+7}$，求系统的超调量、峰值时间、调整时间、上升时间。

7-3 已知系统的开环传递函数模型为 $G(s)H(s) = \dfrac{K_1}{s^2(s+2)}$，要求：

(1) 绘制系统根轨迹，并分析其稳定性。

(2) 若增加一个零点 $z = -1$，绘制新系统的根轨迹，并分析稳定性的变化情况。

7-4 设单位负反馈系统的开环传递函数模型为 $G(s) = \dfrac{10}{s(1+0.05s)(1+0.1s)}$，绘制其伯德图，并计算其相角裕度和幅值裕度。

第 7 章图片

第 8 章

MATLAB 在信号与系统中的应用

"信号与系统"课程是电子信息类和通信类专业的重要基础课程。信号与系统都是抽象的概念，研究时一般采用数学模型对其进行描述。在日常生活中，可以手工进行简单信号的运算或绘制，但对于复杂信号则难以精确处理。MATLAB 包含图形处理和符号运算功能，为解决上述问题提供了有力的工具。

本章介绍如何运用 MATLAB 对信号进行表示、运算和处理，以及实现对信号的系统分析。

8.1　信号的表示及其图形绘制

信号的特点是在一定的条件下，描述信号的物理量随一个或多个变量的变化而变化，因此，可以用数学函数表示信号。信号通常是随时间变化的，所以函数的自变量可以是时间 t，信号可以表示为时间的函数。

MATLAB 提供了大量的产生基本信号的函数，最常用的正弦信号、指数信号是 MATLAB 的内部函数，即不安装任何工具箱就可调用的函数。

1. 连续信号和离散信号

根据时间 t 取值的连续与否，时间信号又分为连续时间信号（简称"连续信号"）和离散时间信号（简称"离散信号"），通常离散信号是对连续信号采样而获得的。MATLAB 对连续信号用函数 plot( ) 来绘制，对离散信号用函数 stem( ) 来绘制，其调用格式为

```
plot(x,y,n)              % 绘制 y 对于 x 的二维平面图形,n 表示参量
                         % 指定图像的类型、样式、颜色等
stem(x,y,'fill',n)       % 绘制 y 在离散点 x 上的平面图形
                         % 'fill'表示用填充图的方式,默认为空心圆
                         % n 表示参量
```

例 8 - 1　分别绘制连续正弦信号和离散正弦信号的图形。

输入 MATLAB 程序如下：

```
x = -2 * pi:0.01:2 * pi;
y = sin(x);
p = -2 * pi:pi/6:2 * pi;              % 设置采样点
q = sin(p);
plot(x,y)                             % 绘制连续正弦信号的图形
hold on
stem(p,q,'r')                         % 绘制离散正弦信号的图形
title('sin(x)')
legend('连续正弦信号','离散正弦信号')   % 添加图例
```

运行结果如图 8-1 所示。

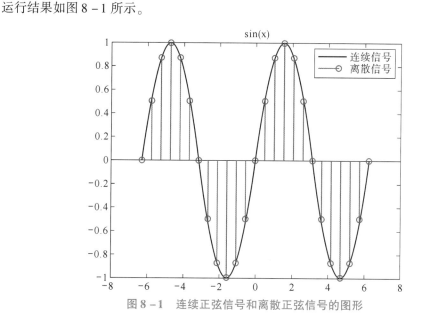

图 8-1   连续正弦信号和离散正弦信号的图形

例 8-2   绘制连续正弦信号 $y = \sin(2\pi t + \pi/6)$ 的图形。

正弦信号 $A\sin(\omega_0 t + \varphi)$ 用 MATLAB 的内部函数 sin( ) 表示，其调用格式为

```
y = A * sin(w0 * t + phi);
```

输入 MATLAB 程序如下：

```
t = -pi:pi/100:pi;
A = 1;
w0 = 2 * pi;
phi = pi/6;
ft = A * sin(w0 * t + phi);
plot(t,ft)
```

运行结果如图 8-2 所示。

2. 指数信号

指数信号用数学表达式 $f(t) = Ke^{st}$ 表示，其中 s 为复数 $s = \sigma + j\omega$。

当 $\omega = 0$，$s = \sigma$ 时，信号为实指数信号，此时当 $\sigma > 0$ 时 $f(t)$ 为增函数；当 $\sigma < 0$ 时，$f(t)$ 为减函数；当 $\sigma = 0$ 时，$f(t) = K$。

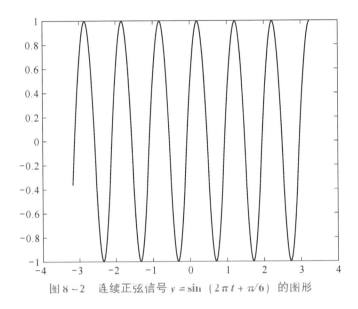

图 8 - 2　连续正弦信号 $y = \sin\ (2\pi t + \pi/6)$ 的图形

例 8 - 3　分别绘制函数 $f(t) = 3e^{2t}$、$g\ (t) = 3e^{-2t}$ 和 $h\ (t) = 3e^{0t}$ 的图形。

输入 MATLAB 程序如下：

```
t = -0.5:0.001:0.5;
f = 3 * exp(2 * t);
g = 3 * exp( -2 * t);
h = 3 * exp(0 * t);
plot(t,f)
hold on
plot(t,g,'r')
plot(t,h,'g')
grid
text( -0.35,7,'3 * exp( -2 * t)')
text(0.25,7,'3 * exp(2 * t)')
text(0.3,3.5,'3 * exp(0 * t)')
```

运行结果如图 8 - 3 所示。

例 8 - 4　绘制指数函数 $y = e^{-0.4t}$ 的图形。

输入 MATLAB 程序如下：

```
t = 0:0.01:10;
K = 1;
s = -0.4;
ft = K * exp(s * t);
plot(t,ft)
```

运行结果如图 8 - 4 所示。

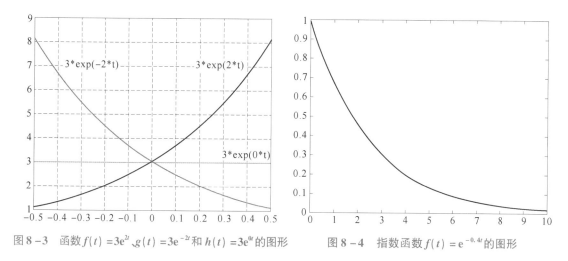

图 8-3 函数 $f(t) = 3e^{2t}$，$g(t) = 3e^{-2t}$ 和 $h(t) = 3e^{0t}$ 的图形   图 8-4 指数函数 $f(t) = e^{-0.4t}$ 的图形

当 $\sigma = 0$，$s = j\omega$ 时，信号为虚指数信号。$f(t) = Ke^{st} = Ke^{j\omega t} = K[\cos(\omega t) + j\sin(\omega t)]$。其中，$\text{Re}(Ke^{j\omega t}) = K\cos(\omega t)$；$\text{Im}(Ke^{j\omega t}) = K\sin(\omega t)$。

当 $s = \sigma + j\omega$ 时，信号为复指数信号。复数 s 的实部 σ 描述了信号随时间 t 的变化情况，虚部 ω 描述信号的角频率。当 $\sigma < 0$ 时，振幅随时间 t 的增大而按指数衰减；当 $\sigma > 0$ 时，振幅随时间 t 的增大而按指数增加；当 $\sigma = 0$ 时，振幅为常数 K。

例 8-5   分别绘制函数 $f(t) = e^{(-0.2+j)t}$ 和 $g(t) = e^{(0.2+j)t}$ 的图形。

输入 MATLAB 程序如下：

```
t = 0:0.01:30;
f = exp((-0.2 + i) * t);
g = exp((0.2 + i) * t);
subplot(2,1,1)
plot(t,f)
grid
title('exp((-0.2 + i) * t)')
subplot(2,1,2)
plot(t,g)
grid
title('exp((0.2 + i) * t)')
```

运行结果如图 8-5 所示。

3. 抽样信号

抽样信号的表达式为

$$f(t) = \text{Sa}(t) = \frac{\sin t}{t}$$

绘制抽样信号的 MATLAB 函数为 sinc()。

例 8-6   绘制抽样信号的图形。

输入 MATLAB 程序如下：

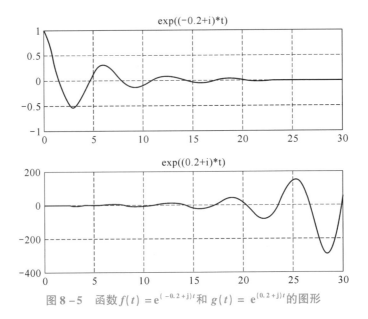

图 8-5　函数 $f(t) = \mathrm{e}^{(-0.2+j)t}$ 和 $g(t) = \mathrm{e}^{(0.2+j)t}$ 的图形

```
t = -3 * pi:0.01:3 * pi;
f = sinc(t);
plot(t,f)
grid
title('sinc(t)')
```

运行结果如图 8-6 所示。

或者采用其他形式的 MATLAB 程序如下：

```
t = -3 * pi:0.01:3 * pi;
ft = sinc(t/pi);
plot(t,ft)
```

运行结果如图 8-7 所示。

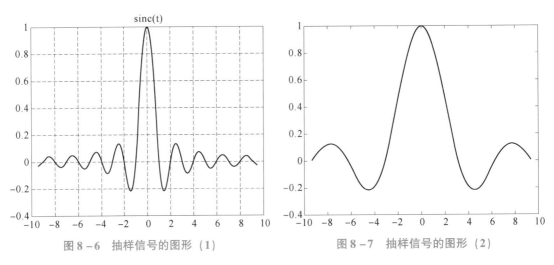

图 8-6　抽样信号的图形（1）　　　　　图 8-7　抽样信号的图形（2）

由图可以看出，抽样信号是关于时间 t 的偶函数，信号随 t 的增大而衰减。

4. 狄利克雷（Dirichlet）信号

狄利克雷信号的函数定义为

$$\mathrm{diric}(t) = \begin{cases} (-1)^{k(n-1)}, & t = 2\pi k \\ \dfrac{\sin\left(\dfrac{nt}{2}\right)}{n\sin\left(\dfrac{t}{2}\right)}, & t \neq 2\pi k \end{cases} \qquad (k = 0,\ \pm 1,\ \pm 2,\ \cdots)$$

其 MATLAB 调用格式为

diric(t,n)   % 生成一个狄利克雷信号,其中 t 表示参考量,n 为正整数

例 8-7   绘制当 $n = 4$ 和 $n = 5$ 时的狄利克雷信号的图形。

输入 MATLAB 程序如下：

```
t =1:0.01:11;
f = diric(t,4);
g = diric(t,5);
subplot(2,1,1)
plot(t,f)
grid
title('n =4')
subplot(2,1,2)
plot(t,g)
grid
title('n =5')
```

运行结果如图 8-8 所示。

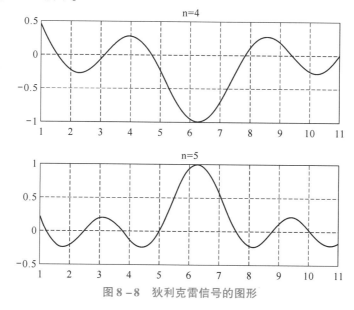

图 8-8   狄利克雷信号的图形

5. 锯齿波和三角波信号

MATLAB 中产生锯齿波和三角波信号的函数为 sawtooth( )，其调用格式为

```
sawtooth(t,width)
```

该函数产生周期为 2π 的锯齿波，其幅值为 $-1 \sim 1$。当 width = 1 时，产生正极性锯齿波；当 width = 0 时，产生负极性锯齿波；当 width = 0.5 时，产生三角锯齿波。

例 8 - 8　绘制频率为 60 Hz，幅值为 [-1，1] 的正极性锯齿波、负极性锯齿波和三角锯齿波的图形。

输入 MATLAB 程序如下：

```
t = 0:0.0001:0.1;
f = sawtooth(2 * pi * 60 * t,1);
g = sawtooth(2 * pi * 60 * t,0);
h = sawtooth(2 * pi * 60 * t,0.5);
subplot(3,1,1)
plot(t,f)
title('正极性锯齿波')
subplot(3,1,2)
plot(t,g)
title('负极性锯齿波')
subplot(3,1,3)
plot(t,h)
title('三角锯齿波')
```

运行结果如图 8 - 9 所示。

三角波信号在 MATLAB 中用 tripuls( ) 函数表示，其调用格式为

```
y = tripuls(t,width,skew);
```

该函数产生一个最大幅值为 1、宽度为 width 的三角波。函数值的非零范围为 (- width/2，width/2)。

产生三角波的 MATLAB 程序如下：

```
t = -3:0.001:3;
ft = tripuls(t,4,0.5);
plot(t,ft)
```

运行结果如图 8 - 10 所示。

6. 方波信号

MATLAB 中产生方波信号的函数为 square( )，其调用格式为

```
square(t,duty)
```

该函数产生周期为 2π 的方波，其幅值为 $-1 \sim 1$，duty 表示信号为正值的区域在一个周期内的百分比。

例 8 - 9　绘制周期为 2π、百分比为 60% 的方波信号的图形。

输入 MATLAB 程序如下：

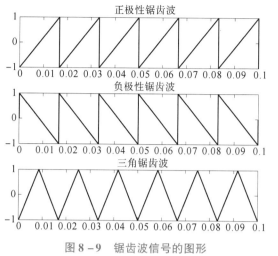

图 8 - 9　锯齿波信号的图形

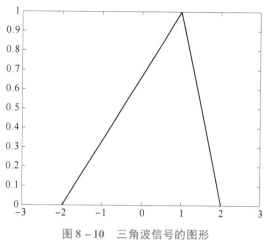

图 8 - 10　三角波信号的图形

```
t = 0:0.001:6 * pi;
f = square(t,60);
plot(t,f)
axis([0 6 * pi -1 1.5])
```

运行结果如图 8 - 11 所示。

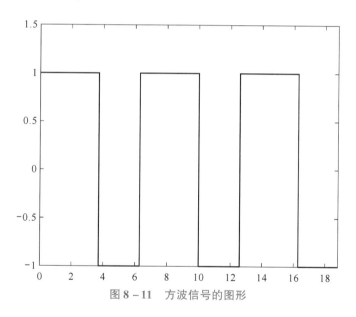

图 8 - 11　方波信号的图形

矩形脉冲信号在 MATLAB 中用 rectpuls( )函数表示，其调用格式为

```
y = rectpuls(t,width);
```

该函数产生一个最大幅值为 1、宽度为 width、以 $t = 0$ 为对称中心的矩形。width 的默认值为 1。

产生以 $t = 2T$ 为对称中心的矩形脉冲信号的 MATLAB 程序如下（取 $T = 1$）：

```
t = 0:0.001:4;
T = 1;
```

```
ft = rectpuls(t - 2 * T,T);
plot(t,ft)
```

运行结果如图 8 - 12 所示。

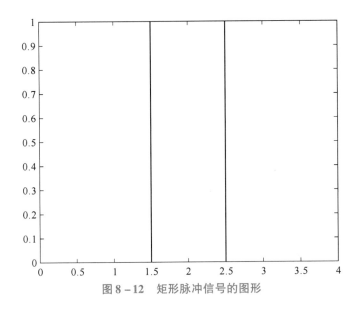

图 8 - 12　矩形脉冲信号的图形

7. 阶跃信号

阶跃信号的定义为 $\varepsilon(t) = \begin{cases} 1, & t > 0 \\ 0, & t < 0 \end{cases}$，在 MATLAB 中可以用函数 stepfun( )实现，其调用格式为

```
stepfun(t,t0)            % 产生时间 t 的阶跃信号,信号在时刻 t0 处跃变
```

例 8 - 10　绘制在时间 $t = 0$ 处跃变的阶跃信号的图形。

输入 MATLAB 程序如下:

```
t = -1:0.01:1;
t0 = 0;
f = stepfun(t,t0);
plot(t,f)
axis([ -1 1 0 1.5])
grid
```

运行结果如图 8 - 13 所示。

8. 门信号

门信号可以用数学表达式 $g_\tau(t) = \begin{cases} 1, & |t| \leq \dfrac{\tau}{2} \\ 0, & |t| > \dfrac{\tau}{2} \end{cases}$ 来表示。其中，τ 为时宽。

在 MATLAB 中，表示门信号的函数为 rectpuls( )，其调用格式为

```
rectpuls(t,w)            % 生成高度为 1、宽度为 w 的门信号,w 默认为 1
```

例 8 - 11　绘制高度为 1、宽度为 0.6 的门信号的图形。

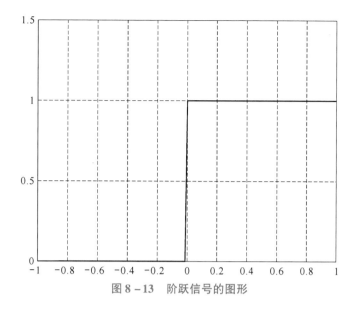

图 8 - 13　阶跃信号的图形

输入 MATLAB 程序如下：

```
t = -1:0.01:1;
plot(t,f)
f = rectpuls(t,0.6);
plot(t,f)
axis([ -1 1 0 1.5])
```

运行结果如图 8 - 14 所示。

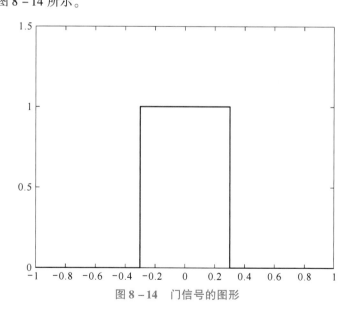

图 8 - 14　门信号的图形

此外，门信号还可以用阶跃信号或逻辑运算来绘制。

用阶跃信号绘制门信号的 MATLAB 程序如下：

```
t = -1:0.01:1;
```

```
f = stepfun(t, -0.3) - stepfun(t,0.3);
                                % 门函数在 t = -0.3 和 t = 0.3 处发生跃变
plot(t,f)
axis([-1 1 0 1.5])
```

用逻辑运算绘制门信号的 MATLAB 程序如下：

```
t = -1:0.01:1;
f = (t > -0.3)&(t < 0.3);       % 函数在[-0.3,0.3]区间取值为 1
plot(t,f)
axis([-1 1 0 1.5])
```

9. 符号函数

符号函数的数学表达式表示为 $sign(t) = \begin{cases} 1, & t > 0 \\ 0, & t = 0 \\ -1, & t < 0 \end{cases}$。

其 MATLAB 函数为 sign( )。

例 8 - 12　绘制符号函数的图形。

输入 MATLAB 程序如下：

```
t = -1:0.01:1;
f = sign(t);
plot(t,f)
axis([-1 1 -1.5 1.5]); grid
```

运行结果如图 8 - 15 所示。

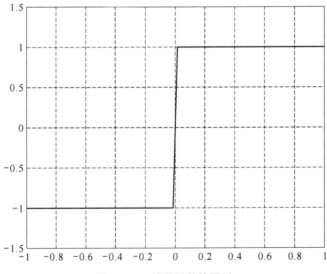

图 8 - 15　符号函数的图形

10. 信号生成器

MATLAB 提供了信号的生成函数，其调用格式为

$$[f,t] = gensig(type,tau,tf,ts)$$

该函数生成指定类型的周期信号，f 表示生成的信号，幅值为 1；t 表示时间数组；type 的规定类型有 3 种：sin 表示正弦波，square 表示方波，pulse 表示周期脉冲；tf 表示持续时间；ts 表示抽样时间。

例 8 - 13　分别绘制 tf = 6、ts = 0.1 的连续和离散周期脉冲信号的图形。

输入 MATLAB 程序如下：

```
[u1,t1] = gensig('pules',1);
[u2,t2] = gensig('pules',1,6,0.1);
subplot(2,1,1)
plot(t1,u1)
axis([0 3 0 1]);title('连续周期脉冲')
subplot(2,1,2)
stem(t2,u2)
axis([0 3 0 1]);title('离散周期脉冲')
```

运行结果如图 8 - 16 所示。

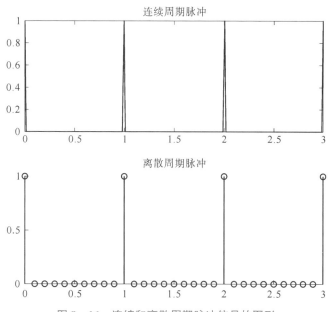

图 8 - 16　连续和离散周期脉冲信号的图形

8.2　信号的时域分析

信号的系统分析是给定系统模型和输入信号，求输出响应。在众多的系统分析方法当中，信号的时域分析法不通过任何的变换，输入、输出信号均是时间 t 的函数，因此，可以直接求解系统的微分方程和积分方程。时域分析法就是将输入信号 $f(t)$ 分解为时间间隔很小的若干冲激信号，然后利用系统的叠加性，把这些冲激信号所引起的各响应相加，最后求出总的输出响应。

8.2.1　信号的基本运算

在信号的传输和处理过程中往往需要对有限的信号进行运算，信号的基本运算包括信号的相加、相乘、平移、反转和尺度变换等。

1. 信号的相加和相乘

两个信号的和，等于两个信号在任意时刻的瞬时值相加后的和，数学表达式为 $f(t) = f_1(t) + f_2(t)$。

两个信号相乘，等于两个信号在任意时刻的瞬时值相乘后的积，数学表达式为 $f(t) = f_1(t)f_2(t)$。

例 8 - 14　已知信号 $f(t) = \sin t$，$g(t) = \sin 20t$，求两个信号相加和相乘的输出信号。

输入 MATLAB 程序如下：

```
t = -2 * pi:0.001:2 * pi;
f = sin(t);
g = sin(20 * t);
h = f + g;
y = f. * g;
subplot(3,1,1)
plot(t,f)
hold on
plot(t,g,':r')
axis([-5 5 -1 1])
title('f(t) = sin(t)和 g(t) = sin(20 * t)')
legend('sin(t)','sin(20 * t)')
subplot(3,1,2)
plot(t,h)
axis([-5 5 -2 2])
title('h = f(t) + g(t)')
subplot(3,1,3)
plot(t,y)
axis([-5 5 -2 2])
title('y = f(t) * g(t)')
```

运行结果如图 8 - 17 所示。

此外，MATLAB 还可以用计算信号相加的符号函数 symadd( ) 和计算信号相乘的符号函数为 symmul( ) 来求解，其调用格式分别为

```
symadd(f1,f2)              % 计算 f1 + f2
symmul(f1,f2)              % 计算 f1 * f2
```

2. 反转和平移

信号的反转，就是将 $f(t)$ 中的自变量 t 用 $-t$ 代替，反转后的信号为 $f(-t)$，从图形上看 $f(t)$ 和 $f(-t)$ 关于 y 轴对称，即以 y 轴为转轴旋转 $180°$。

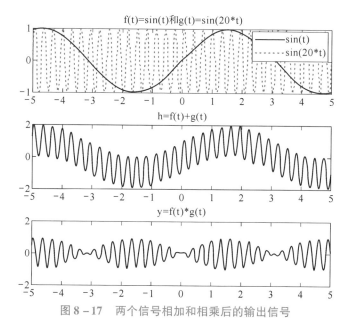

图 8 - 17 两个信号相加和相乘后的输出信号

信号的平移，就是将 $f(t)$ 中的自变量 t 用 $t - t_0$ 代替，此时，当 $t_0 > 0$ 时，$f(t)$ 右移；当 $t_0 < 0$ 时，$f(t)$ 左移。

例 8 - 15   已知信号 $f(t) = (2t + 1)[\varepsilon(t + 1) - \varepsilon(t - 1)]$，求 $f(-t)$、$f(t + 1)$ 和 $f(t - 1)$。

输入 MATLAB 程序如下：

```
t = -4:0.01:4;
t0 = -1;
t1 = 1;
f = (2 * t + 1).* (stepfun(t,t0) - stepfun(t,t1));
y1 = (2 * (-t) + 1).* (stepfun(t,t0) - stepfun(t,t1));
y2 = (2 * (t + 1) + 1).* (stepfun((t + 1),t0) - stepfun((t + 1),t1));
y3 = (2 * (t - 1) + 1).* (stepfun((t - 1),t0) - stepfun((t - 1),t1));
subplot(2,2,1)
plot(t,f)
title('f(t)')
subplot(2,2,2)
plot(t,y1)
title('f(-t)')
subplot(2,2,3)
plot(t,y2)
title('f(t + 1)')
subplot(2,2,4)
plot(t,y3)
title('f(t - 1)')
```

运行结果如图 8 – 18 所示。

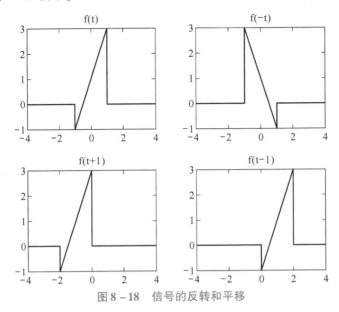

图 8 – 18　信号的反转和平移

3. 尺度变换

信号的尺度变换，就是将 $f(t)$ 中的自变量 t 用 at 代替，尺度变换后的信号为 $f(at)$，是原信号沿 x 轴进行拉伸或压缩后得到的信号。当 $|a| > 1$ 时，$f(t)$ 压缩成原来的 $\dfrac{1}{|a|}$；当 $|a| < 1$ 时，$f(t)$ 拉伸成原来的 $|a|$ 倍。

例 8 – 16　将 $f(x) = \sin x$ 变换为 $f(2x)$ 和 $f(0.5x)$。

输入 MATLAB 程序如下：

```
x = -6:0.01:6;
f = sin(x);
g = sin(2 * x);
h = sin(0.5 * x);
subplot(3,1,1)
plot(x,f)
title('f(x)')
subplot(3,1,2)
plot(x,g)
title('f(2x)')
subplot(3,1,3)
plot(x,h)
title('f(0.5x)')
```

运行结果如图 8 – 19 所示。

另外，例 8 – 16 还可以用符号运算进行求解，其 MATLAB 程序如下：

```
syms t
f = sin(t);
```

```
g = sin(2 * t);
h = sin(0.5 * t);
subplot(3,1,1)
ezplot(f,[ - 6 6])
subplot(3,1,2)
ezplot(g,[ - 6 6])
subplot(3,1,3)
ezplot(h,[ - 6 6])
```

运行程序后输出的图形与图 8 - 19 相同。

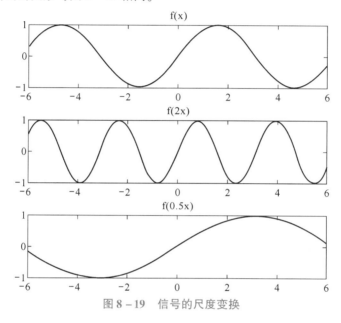

图 8 - 19　信号的尺度变换

此外，信号的反转、平移和尺度变换还可以用 MATLAB 的计算符号函数 subs( ) 来实现。其调用格式分别为

```
subs( f,t,t - t0)              % 信号 f(t) 的平移
subs( f,t, - t)               % 信号 f(t) 的反转
subs( f,t,a * t)              % 信号 f(t) 的尺度变换
```

例 8 - 17　三角波 $f(t)$ 的图形如图 8 - 20 所示，试利用 MATLAB 画出 $f(2t)$ 和 $f(2 - 2t)$ 的图形。

输入 MATLAB 程序如下：

```
t = - 3:0.001:3;
ft1 = tripuls(2 * t,4,0.5);
subplot(2,1,1);
plot(t,ft1)
title('f(2t)')
ft2 = tripuls((2 - 2 * t),4,0.5);
subplot(2,1,2);
plot(t,ft2)
```

```
title('f(2-2t)')
```
运行程序，得到 $f(2t)$ 和 $f(2-2t)$ 的图形如图 8 - 21 所示。

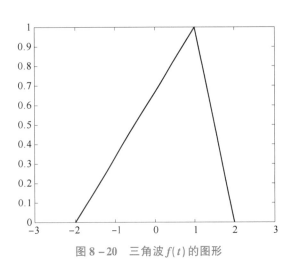

图 8 - 20　三角波 $f(t)$ 的图形

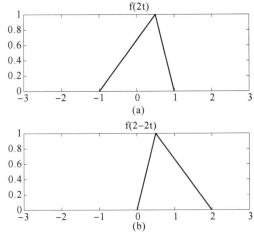

图 8 - 21　三角波 $f(2t)$ 和 $f(2-2t)$ 的图形
(a) $f(2t)$; (b) $f(2-2t)$

8.2.2　零输入响应和零状态响应

线性时不变系统的完全响应 $y(t)$ 是系统零输入响应 $y_0(t)$ 与零状态响应 $y_f(t)$ 之和。在没有加入输入信号之前，系统原有的储能称为系统的初始状态。零输入响应是指输入为零，即没有加入输入信号，仅由系统的初始状态所引起的响应，对应系统模型的齐次方程的解；零状态响应是指假设系统的初始状态为零，仅由输入信号通过系统所引起的响应，对应系统模型的非齐次微分方程在零初始条件下的解。这样系统的全响应可以表示为

$$y(t) = y_0(t) + y_f(t)$$

1. 零状态响应

求微分方程的零状态响应的 MATLAB 函数为 lsim( )，其调用格式为

```
y = lsim(sys,f,t)
```
其中，t 为自变量；f 为系统输入信号；sys 为系统模型，用来表示差分方程、微分方程和状态方程，sys 要借助 tf( ) 函数求得。tf( ) 是传递函数模型，MATLAB 提供的各种系统模型及相互转换函数见第 7 章的表 7 - 1 和表 7 - 2。

如对于微分方程 $\dfrac{d^2 y(t)}{dt^2} + 3\dfrac{dy(t)}{dt} + 2y(t) = \dfrac{d^2 f(t)}{dt^2} + f(t)$，用向量 a、b 表示对应系数向量，用 sys 表示其传递函数。

在命令窗口中输入以下语句：

```
>>a = [1 3 2];
>>b = [1 0 1];
>>sys = tf(b,a)
```
则运行结果为

```
sys =
```

```
  s^2 + 1
  ------------
  s^2 + 3 s + 2
Continuous – time transfer function.
```

例8-18 已知系统的输入信号为 $f(t) = 10\sin(2\pi t)$，微分方程为 $\dfrac{\mathrm{d}^2 y(t)}{\mathrm{d}t^2} + 2\dfrac{\mathrm{d}y(t)}{\mathrm{d}t} +$

$100y(t) = f(t)$，试计算 $y(t)$。

输入 MATLAB 程序如下：

```
ts = 0;te = 5;dt = 0.01;
sys = tf ([ 1 ], [ 1 2
100 ]);
t = ts:dt:te;
f = 10 * sin(2 * pi * t);
y = lsim(sys,f,t);
plot(t,y);
xlabel('Time(sec)')
ylabel('y(t)')
```

程序运行结果如图8-22所示。

2. 零输入响应

求微分方程的零状态响应的 MATLAB 函数为 initial( )。其调用格式为

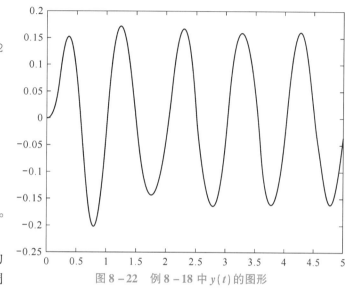

图8-22 例8-18中 $y(t)$ 的图形

```
y = initial (sys,x0,t)
```

其中，sys 为系统的空间状态模型；x0 表示初始状态向量，通常用 Dy 表示 $y^{(1)}$，用 D2y 表示 $y^{(2)}$……

例8-19 已知系统的微分方程为 $\dfrac{\mathrm{d}^2 y(t)}{\mathrm{d}t^2} + \dfrac{3}{2}\dfrac{\mathrm{d}y(t)}{\mathrm{d}t} + \dfrac{1}{2}y(t) = f(t)$，初始条件 $y(0) = 1$，

$y^{(1)}(0) = 0$，输入信号 $f(t) = 5\mathrm{e}^{-3t}$，求系统的零输入响应、零状态响应和全响应。

【分析】

系统的零输入响应由系统微分方程的齐次解得到，零状态响应的初始状态 $y(0)$ 和 $y^{(1)}(0)$ 都为 0。

输入 MATLAB 程序如下：

```
y0 = dsolve('D2y + 3/2 * Dy + 1/2 * y = 0','y(0) = 1,Dy(0) = 0','t');
% 系统的零输入响应
yf = dsolve('D2y + 3/2 * Dy + 1/2 * y = 5 * exp( -3 * t)','y(0) = 0,Dy(0) = 0');
% 系统的零状态响应
y = y0 + yf;                        % 系统全响应
y0,yf,y
```

运行结果为

```
y0  =
```

$$-\exp(-t)+2*\exp(-1/2*t)$$

$$yf =$$

$$\exp(-3*t)-5*\exp(-t)+4*\exp(-1/2*t)$$

$$y =$$

$$\exp(-3*t)-6*\exp(-t)+6*\exp(-1/2*t)$$

绘制零状态响应曲线的 MATLAB 程序如下：

```
yf = dsolve('D2y +3/2*Dy +1/2*y =5*exp( -3*t)','y(0) =0,Dy(0) =0');
t =0:0.01:5;
sys =tf([1],[1 3/2 1/2]);
f =5*exp( -3*t);
yf1 =lsim(sys,f,t);
subplot(2,1,1)
ezplot(yf,[0 5])            % 用符号函数绘制零状态响应
subplot(2,1,2)
plot(t,yf1)                 % 用连续函数绘制零状态响应
```

运行结果如图 8 – 23 所示。

绘制零输入响应曲线的 MATLAB 程序如下：

```
y0 = dsolve('D2y +3/2*Dy +1/2*y =0','y(0) =1,Dy(0) =0','t');
t =0:0.01:5;
[A,B,C,D] =tf2ss([1],[1 3/2 1/2]);
sys1 =ss(A,B,C,D);
yx =[0 1];
y01 =initial(sys1,yx,t);
subplot(2,1,1)
ezplot(y0,[0 5])            % 用符号函数绘制零输入响应的图形
subplot(2,1,2)
plot(t,y01)                 % 用连续函数绘制零输入响应的图形
```

运行结果如图 8 – 24 所示。

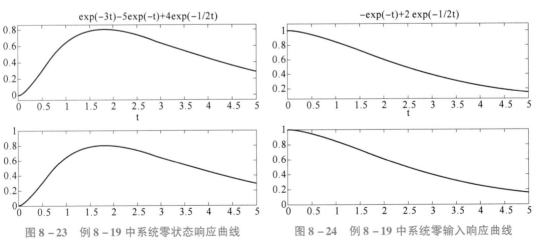

图 8 – 23　例 8 – 19 中系统零状态响应曲线　　　　图 8 – 24　例 8 – 19 中系统零输入响应曲线

由图可知，系统的零状态响应和零输入响应用连续函数和符号函数求解的结果是一致的。

8.2.3 冲激响应和阶跃响应

1. 冲激响应

线性时不变系统的冲激响应是指在系统初始条件为零时，用单位冲激信号 $\delta(t)$ 激励系统所产生的响应，通常用 $h(t)$ 表示。冲激响应只取决于系统本身，不同的系统产生的冲激响应也不相同。

单位冲激信号的定义为 $\delta(t) = \begin{cases} 0, & t \neq 0 \\ \infty, & t = 0 \end{cases}$ 或 $\int_{-\infty}^{+\infty} \delta(t)\,\mathrm{d}t = 1$，它是一个偶函数。

任意信号 $f(t)$ 都可以用单位冲激信号 $\delta(t)$ 表示，即

$$f(t) = \int_{-\infty}^{+\infty} f(\tau)\delta(\tau - t)\,\mathrm{d}\tau$$

MATLAB 中用函数 impulse( ) 计算系统的单位冲激响应，其调用格式为

```
y = impulse(sys,t)
```

其中，sys 是由 tf( )、zpk( ) 或 ss( ) 建立的系统模型；t 为自变量时间。

例8-20 已知系统的微分方程为 $\dfrac{\mathrm{d}^2 y(t)}{\mathrm{d}t^2} + \dfrac{3}{2}\dfrac{\mathrm{d}y(t)}{\mathrm{d}t} + \dfrac{1}{2}y(t) = f(t)$，绘制其单位冲激响应曲线。

输入 MATLAB 程序如下：

```
a = [1 3/2 1/2];
b = 1;
t = 0:0.01:15;
g = tf(b,a);
y = impulse(g,t);
plot(t,y)
```

运行结果如图 8-25 所示。

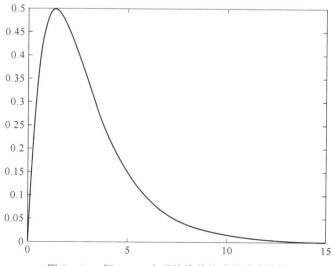

图 8-25 例 8-20 中系统的单位冲激响应曲线

2. 阶跃响应

阶跃响应是指在系统初始状态为零时，单位阶跃信号 $u(t)$ 作用于系统后所产生的响应。

由于单位阶跃信号和单位冲激信号的关系为 $\delta(t) = \dfrac{\mathrm{d}u(t)}{\mathrm{d}t}$，$u(t) = \displaystyle\int_{-\infty}^{t} \delta(\tau)\mathrm{d}\tau$，因此，阶跃

响应与冲激响应也是微分与积分的关系，即 $h(t) = \dfrac{\mathrm{d}g(t)}{\mathrm{d}t}$，$g(t) = \displaystyle\int_{-\infty}^{t} h(\tau)\mathrm{d}\tau$。

MATLAB 中用函数 step( ) 计算系统的单位阶跃响应，其调用格式为

y = step(sys,t)

其中，sys 是由 tf( )、zpk( )或 ss( )
建立的系统模型；t 为自变量时间。

例 8 – 21　已知系统的微分方
程为例 8 – 20 中的微分方程，绘制
其单位阶跃响应曲线。

输入 MATLAB 程序如下：

```
a = [1 3/2 1/2];
b = 1;
t = 0:0.01:15;
g = tf(b,a);
y = step(g,t);
plot(t,y)
```

运行结果如图 8 – 26 所示。

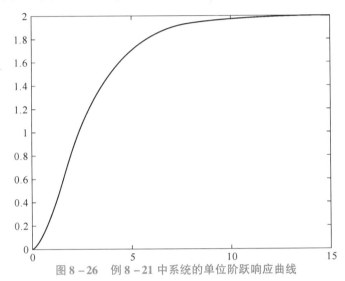

图 8 – 26　例 8 – 21 中系统的单位阶跃响应曲线

8.2.4　卷积积分和相关函数

1. 卷积积分

卷积积分的原理是将信号分解成若干冲激信号之和，那么系统的响应就是这些冲激信号所对应的冲激响应的线性叠加。

若有两个函数 $f_1(t)$ 和 $f_2(t)$，则它们的卷积为

$$f_1(t) * f_2(t) = \int_{-\infty}^{+\infty} f_1(\tau) f_2(t - \tau)\mathrm{d}\tau$$

用 MATLAB 实现连续信号 $f_1(t)$ 和 $f_2(t)$ 的卷积需要对两个信号进行采样，得到离散序列 $k_1(n)$ 和 $k_2(n)$，调用离散卷积求和函数 conv( ) 计算两个离散序列的卷积。其调用格式为

conv(f,g)

该函数计算两个向量 f 和 g 的卷积，若 f 长度为 m，g 长度为 n，则卷积的长度为 $m + n - 1$。

例 8 – 22　已知 $f_1(t) = e^{-t}u(t)$，$f_2(t) = \sin tu(t)$。计算 $f_1(t) * f_2(t)$ 并绘制其曲线。

输入 MATLAB 程序如下：

```
% 创建 M 文件
function f = xconv(f1,k1,f2,k2,d)
f = 0.01 * conv(f1,f2);
end
% 调用 M 文件,绘制曲线
k = 0:0.01:5;
```

```
k1 = 0:0.01:5;
k2 = 0:0.01:5;
d = 0.01;
f1 = exp( - k1);                    % 取 f1 的离散值
f2 = sin(k2);                       % 取 f2 的离散值
f = xconv(f1,k1,f2,k2,d);           % 调用函数计算 f1 和 f2 的卷积
k0 = k1(1) + k2(1);                 % 计算初始位置
k3 = length( f1) + length( f2) - 2; % 计算长度
k = k0:d:(k0 + k3 * d);
subplot(2,2,1)
plot(k1,f1)
title('f1(t)')
subplot(2,2,2)
plot(k2,f2)
title('f2(t)')
subplot(2,2,3)
plot(k,f)
title('f1(t) * f2(t)')
```

运行结果如图 8 - 27 所示。

若用符号函数绘制信号的卷积曲线，其 MATLAB 程序如下：

```
syms t positive                     % 限定 t 取正值
syms tao
f1 = exp( - t);
f2 = sin(t);
f = subs( f1,t,tao) * subs( f2,t,t - tao);   % 定义被积分函数
y = int( f,tao,0,t);                % 求函数的积分
ezplot(y,[0 10])
```

运行结果为

```
y =
    1/2 * exp( - t) - 1/2 * cos(t) + 1/2 * sin(t)
```

绘制的卷积曲线如图 8 - 28 所示。

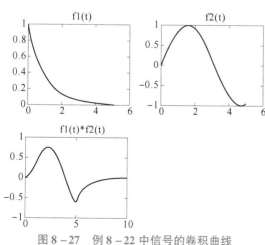

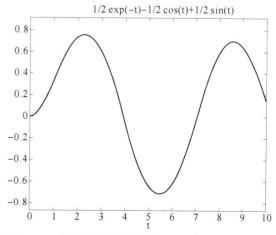

图 8 - 27　例 8 - 22 中信号的卷积曲线　　　图 8 - 28　利用符号函数绘制例 8 - 22 中信号的卷积曲线

2. 相关函数

信号的相关计算通常用来鉴别信号，如同步信号等。不同信号之间的相关运算用互相关函数描述，信号自身的相关运算用自相关函数来描述。

定义互相关函数为

$$R_{12}(\tau) = \int_{-\infty}^{\infty} f_1(t)f_2(t-\tau)\,dt = \int_{-\infty}^{\infty} f_1(t+\tau)f_2(t)\,dt$$

$$R_{21}(\tau) = \int_{-\infty}^{\infty} f_1(t-\tau)f_2(t)\,dt = \int_{-\infty}^{\infty} f_1(t)f_2(t+\tau)\,dt$$

可以看出，$R_{12}(\tau) = R_{21}(-\tau) = f_1(\tau) * f_2(-\tau)$。

当 $f_1(t) = f_2(t) = f(t)$ 时为自相关函数，定义自相关函数为

$$R(\tau) = \int_{-\infty}^{\infty} f_1(t)f_2(t-\tau)\,dt = \int_{-\infty}^{\infty} f_1(t+\tau)f_2(t)\,dt$$

因此，$R(\tau) = R(-\tau) = f_1(\tau) * f_2(-\tau)$。

MATLAB 中函数 xcorr( ) 用来计算信号的相关，其调用格式为

```
[y,lags]=xcorr(k1,k2,max,option)
```

该函数计算序列 k1 与 k2 在 $[-max, max]$ 区间的 $2 \times max + 1$ 个值，输出包含横坐标序列 lags，option 为进行相关函数估计时的参数。

其中，option 的含义有：

none——系统默认情况，非归一化计算相关；

biased——计算有偏估计；

unbiased——计算无偏估计；

coeff——系统归一化，使零延迟的自相关为 1。

例 8 – 23 求信号 $f_1(t) = \sin(2\pi ft)$ 和 $f_2(t) = 2\sin(2\pi ft + \pi/3)$ 的相关函数。其中，$f = 5$ Hz。

输入 MATLAB 程序如下：

```
N=1000;
n=0:(N-1);
Fs=500;
t=n/Fs;
max=100;
f1=sin(2*pi*5*t);
f2=2*sin(2*pi*5*t+
pi/3);
[y,lags]=xcorr(f1,f2,
max,'unbiased');
subplot(3,1,1)
plot(t,f1)
title('f1(t)')
subplot(3,1,2)
plot(t,f2)
title('f2(t)')
subplot(3,1,3)
plot(lags/Fs,y)
title('相关函数')
grid
```

运行结果如图 8 – 29 所示。

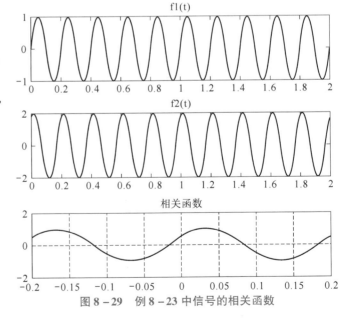

图 8 – 29　例 8 – 23 中信号的相关函数

例 8 – 24　干扰信号 $f(t) = \sin(2\pi f t) + \text{randn}(1, \text{length}(t))$，从中识别信号的周期。其中，$f = 5 \text{ Hz}$。

输入 MATLAB 程序如下：

```
N = 1000;
n = 0:(N-1);
Fs = 500;
t = n/Fs;
max = 100;
f = sin(2*pi*5*t) +
randn(1,length(t));
[y,lags] = xcorr(f,
max,'unbiased');
subplot(2,1,1)
plot(t,f)
subplot(2,1,2)
plot(lags/Fs,y)
```

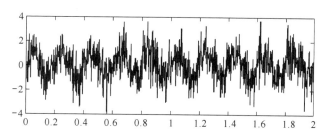

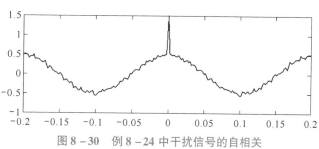

图 8 – 30　例 8 – 24 中干扰信号的自相关

运行结果如图 8 – 30 所示。

由图可知，信号的周期为 0.2 s。

8.2.5　离散系统的时域分析

描述连续时间系统的数学模型是微分方程，而描述离散时间系统的数学模型是差分方程。

1. 单位抽样信号和单位阶跃信号

单位抽样信号的定义为 $\delta(n) = \begin{cases} 1, & n = 0 \\ 0, & n \neq 0 \end{cases}$。其中，$n$ 取整数。在 MATLAB 中，可以用 zeros( ) 函数生成单位抽样信号。

例如，若要生成一个长度为 10 的单位抽样信号，则输入 MATLAB 程序如下：

```
k = [1,zeros(1,10-1)]
```

运行结果为

```
k =
    1    0    0    0    0    0    0    0    0    0
```

单位阶跃信号的定义为 $u(t) = \begin{cases} 1, & n \geq 0 \\ 0, & n < 0 \end{cases}$。其中，$n$ 取整数。在 MATLAB 中，用 ones( ) 函数可以得到单位阶跃信号。

例如，若要生成一个长度为 10 的单位阶跃信号，则输入 MATLAB 程序如下：

```
k = ones(1,10)
```

程序运行结果为

```
k =
    1    1    1    1    1    1    1    1    1    1
```

2. 单位矩形序列

单位矩形序列又叫单位门序列，其数学表达式为 $G_N(n) = \begin{cases} 1, & 0 \leqslant n \leqslant N-1 \\ 0, & \text{其他} \end{cases}$

门序列可以用单位阶跃序列表示：$G_N(n) = u(n) - u(n-N)$。

3. 离散信号的表示

离散信号是由连续信号抽样而得，因此，可以对连续信号叠加单位抽样信号来表示离散信号，也可以取信号的自变量为离散的整数来表示离散信号。

例 8 – 25　求离散指数函数 $f(k) = e^{-k}$。

输入 MATLAB 程序如下：

```
k = -3:3;
f = exp( -k);
stem(k,f)
grid
title('exp( -k)')
```

运行结果如图 8 – 31 所示。

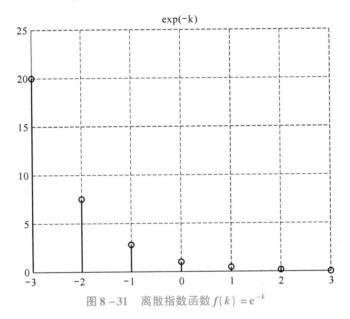

图 8 – 31　离散指数函数 $f(k) = e^{-k}$

4. 离散信号的基本运算

对离散信号也可以进行相加、相乘、平移、反转和尺度变换等运算，其运算规则与连续信号基本相同。

例 8 – 26　已知离散信号 $f_1(k) = e^{-k}$ 和 $f_2(k) = e^{k}$，求 $f_1(k) + f_2(k)$。

输入 MATLAB 程序如下：

```
k = -3:3;
f1 = exp( -k);
```

```
f2 = exp(k);
y1 = f1 + f2;
subplot(1,3,1)
stem(k,f1)                         % 绘制离散信号 f1 的图形
grid;title('f1(k)')
subplot(1,3,2)
stem(k,f2)                         % 绘制离散信号 f2 的图形
grid;title('f2(k)')
subplot(1,3,3)
stem(k,y1)                         % 绘制离散信号和 f1 + f2 的图形
grid;title('f1(k) + f2(k)')
```

运行结果如图 8 – 32 所示。

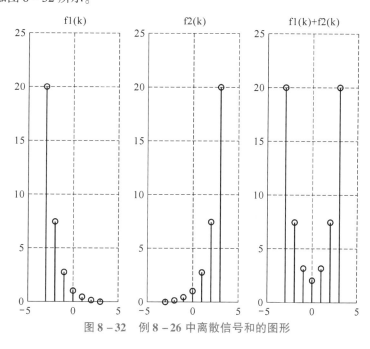

图 8 – 32 例 8 – 26 中离散信号和的图形

5. 离散卷积

信号 $f_1(k)$ 和 $f_2(k)$ 的离散卷积定义为 $f_1(k) * f_2(k) = \sum_{i=-\infty}^{\infty} f_1(i) f_2(k-i)$。

离散卷积和连续卷积一样需要用函数 conv( )来运算。两个离散信号卷积的长度等于两个信号的长度和减 1。

例 8 – 27 已知 $f_1(k) = R4(k) = [1\ 1\ 1\ 1]$，$f_2(k) = R4(k) = [1\ 1\ 1\ 1]$，求 $y(k) = f_1(k) * f_2(k)$，并绘制其图形。

输入 MATLAB 程序如下：

```
k1 = 1:4;
k2 = 1:7;
f1 = [1 1 1 1];
f2 = [1 1 1 1];
y = conv(f1,f2)                    % 计算 f1 * f2
```

```
subplot(1,3,1)
stem(k1,f1)                          % 绘制信号 f1 的图形
axis([0 5 0 4])
grid
title('f1(k)')
subplot(1,3,2)
stem(k1,f2)                          % 绘制信号 f2 的图形
axis([0 5 0 4])
grid
title('f2(k)')
subplot(1,3,3)
stem(k2,y)                           % 两个信号的卷积
axis([0 8 0 4])
grid
title('y = f1(k) * f2(k)')
```

运行结果为

```
y =
    1    2    3    4    3    2    1
```

绘制的图形如图 8 – 33 所示。

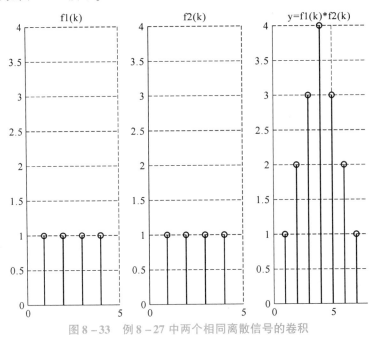

图 8 – 33　例 8 – 27 中两个相同离散信号的卷积

例 8 – 28　已知 $f_1(k) = [1, 2, 3, 4, 5]$，$f_2(k) = [6, 2, 3, 6, 4, 2]$，求 $y(k) = f_1(k) * f_2(k)$，并绘制其图形。

输入 MATLAB 程序如下：

```
N = 5;
M = 6;                               % 设置两个信号的长度
L = N + M - 1;                       % 计算卷积的长度
```

```
f1 = [1 2 3 4 5];
f2 = [6 2 3 6 4 2];
y = conv(f1,f2)                    % 计算卷积
nf1 = 0:N - 1;
nf2 = 0:M - 1;
ny = 0:L - 1;
subplot(1,3,1);stem(nf1,f1);
xlabel('k');ylabel('f1(k)');grid on;
subplot(1,3,2);stem(nf2,f2);
xlabel('k');ylabel('f2(k)');grid on;
subplot(1,3,3);stem(ny,y);
xlabel('k');ylabel('y(k)');grid on;
```

运行结果为

```
y =
     6    14    25    42    63    50    55    52    28    10
```

绘制的图形如图 8 - 34 所示。

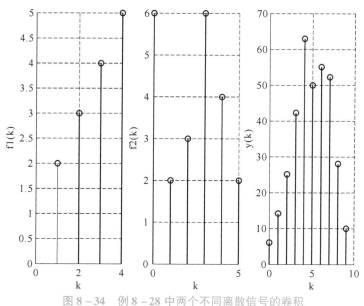

图 8 - 34　例 8 - 28 中两个不同离散信号的卷积

6. 差分方程的求解

线性时不变离散系统可以用线性常系数差分方程来表示，其数学表达式为

$$\sum_{i=0}^{N} a_i y(k - i) = \sum_{j=0}^{M} b_j f(k - j) \qquad (M \leqslant N)$$

其中，$f(k)$ 为系统输入信号；$y(k)$ 为系统输出信号；a、b 分别为 $y(k)$ 和 $f(k)$ 的系数。差分方程的全响应可以分解成零输入响应和零状态响应的和的形式。

零输入响应是系统的输入信号 $f(k)$ 为零时，仅由系统的初始状态所引起的响应，其数学表达式为

$$\sum_{i=0}^{N} a_i y(k-i) = 0$$

零状态响应是假设系统的初始状态为零，仅由输入信号 $f(k)$ 作用所引起的响应。

利用线性系统的叠加性，可以求出系统有限长度的零输入响应和零状态响应，然后求和得到系统的全响应。

例 8 - 29　已知差分方程 $y(k) - y(k-1) + 2y(k-2) = 0.5f(k) - 2f(k-1) - f(k-2)$，$y(-2) = 0.3$，$y(-1) = 0.4$，$f(k) = \begin{cases} 0, & k < 0 \\ \cos k, & k \geq 0 \end{cases}$，求系统的全响应 $y(k)$，$k \in [0, 10]$

【分析】

MATLAB 中数组下标从 0 开始，而本题中出现下标小于 0 的项，此时可以将数据整体平移，叠加计算后再反向平移。

输入 MATLAB 程序如下：

```
n = 1:10 + 3;                    % 设定下标,整体向右平移 3 个单位
f = cos(n - 3);
f(1) = 0;                        % 输入从 0 开始
f(2) = 0;
y(1) = 0.3;
y(2) = 0.4;                      % 系统初始条件
for k = 3:13
    y(k) = 0.5 * f(k) - 2 * f(k-1) - f(k-2) - 2 * y(k-2) + y(k-1);
end
y                                % 输出 y
n0 = n - 3;
stem(n0,y)
xlabel('k');
ylabel('f(k)');
grid
```

运行结果为

```
y =
Columns 1 through 9
  0.3000    0.4000    0.3000   -2.2298   -5.1185   -0.8618
  11.4445  15.6073   -6.7153
Columns 10 through 13
  -39.7570  -28.8670  49.7285  109.0108
```

系统的全响应曲线如图 8 - 35 所示。

7. 离散系统的零状态响应

在 MATLAB 中，求解线性时不变离散系统零状态响应的专用函数为 filter( )，其调用格式为

```
filter(b,a,f)
```

其中，b 和 a 是系统差分方程输入与输出的系数向量；f 为包含输入序列非零样值点的行向量。

例 8 - 30　已知离散系统的差分方程为 $y(k) - 3y(k-1) + 2y(k-2) = f(k) + f(k-1)$，设输入信号为 $f(k) = 2^k u(k)$，求系统的零状态响应。

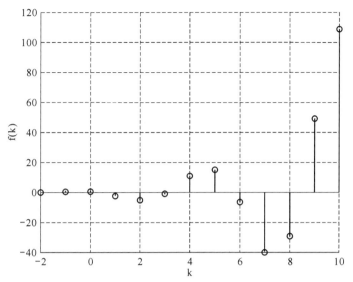

图 8 – 35　例 8 – 29 中离散系统的全响应曲线

输入 MATLAB 程序如下：

```
a = [1 -3 2];
b = [1 1];
k = 0:30;
f = 2.^k;
y = filter(b,a,f)
stem(k,y)
title('输出信号 y(k)')
grid
```

运行结果为

```
y =
  1.0e +010 *
Columns 1 through 9
  0.0000    0.0000    0.0000    0.0000    0.0000    0.0000    0.0000
  0.0000    0.0000
Columns 10 through 18
  0.0000    0.0000    0.0000    0.0000    0.0000    0.0001    0.0001
  0.0003    0.0007
Columns 19 through 27
  0.0014    0.0029    0.0062    0.0130    0.0273    0.0570    0.1191
  0.2483    0.5167
Columns 28 through 31
  1.0737    2.2280    4.6171    9.5563
```

系统的零状态响应如图 8 – 36 所示。

8. 单位样值响应和单位序列响应

MATLAB 中的函数 dimpulse( ) 用来求系统的单位样值响应，函数 impz( ) 用来求系统的单位

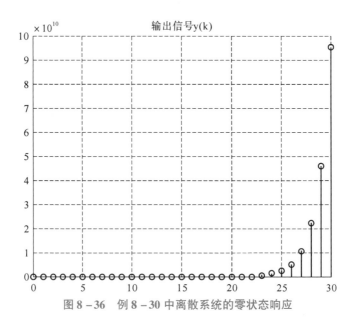

图8-36 例8-30中离散系统的零状态响应

冲激响应，函数 dstep( ) 用来求系统的单位序列响应。其调用格式分别为

```
y = dimpulse(b,a,n)        % b、a 分别表示输入与输出序列的系数,n 表示长度
y = impz(b,a,n1:n2)        % b、a 分别表示输入与输出序列的系数,范围为[n1,n2]
y = dstep(b,a,n)           % b、a 分别表示输入与输出序列的系数
```

例8-31 已知离散系统的差分方程为 $y(k) - \frac{5}{6}y(k-1) + \frac{1}{6}y(k-2) = f(k) + f(k-1)$。求系统前20个样值点的单位样值响应和单位序列响应。

输入 MATLAB 程序如下：

```
a = [1 -5/6 1/6];
b = [1 1 0];
n = 20;
y1 = dimpulse(b,a,n);              % 单位样值响应
y2 = impz(b,a,n);                  % 单位冲激响应
y3 = dstep(b,a,n);                 % 单位序列响应
k = 0:n-1;
subplot(3,1,1)
stem(k,y1)
title('dimpulse 函数响应');grid;
subplot(3,1,2)
stem(k,y2)
title('impz 函数响应');grid;
subplot(3,1,3)
stem(k,y3)
title('dstep 函数响应');grid;
```

运行结果如图8-37所示。

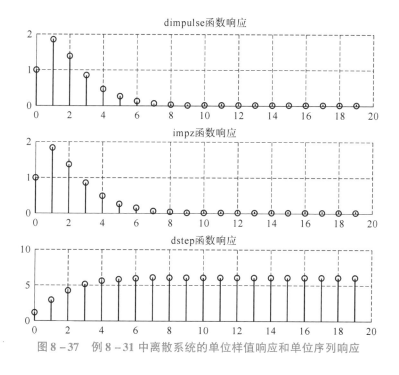

图 8-37　例 8-31 中离散系统的单位样值响应和单位序列响应

8.3　信号的频域分析

　　信号频域分析与时域分析的不同之处在于信号分解的基本参量不同。在频域分析中，信号分解的基本参量是等幅正弦函数，信号被分解为若干不同幅度、不同频率的正弦函数。这一过程可以通过傅里叶变换来实现。

8.3.1　基本傅里叶分析

1. 傅里叶级数

若周期函数 $f(t)$ 满足狄利克雷条件：

（1）在任意周期内存在有限个第一类间断点；

（2）在任意周期内存在有限个极值点；

（3）在任意周期内是绝对可积的

则 $f(t)$ 可以展开为三角形式的傅里叶级数。其数学表达式为

$$f(t) = a_0 + \sum_{n=1}^{+\infty} \left[a_n \cos(n\omega_0 t) + b_n \sin(n\omega_0 t) \right]$$

且有

$$a_0 = \frac{1}{T} \int_{t_0}^{t_0+T} f(t)\,\mathrm{d}t$$

$$a_n = \frac{2}{T} \int_{t_0}^{t_0+T} f(t) \cos(n\omega_0 t)\,\mathrm{d}t$$

$$b_n = \frac{2}{T} \int_{t_0}^{t_0+T} f(t) \sin(n\omega_0 t)\,\mathrm{d}t$$

式中，$\omega_0 = \dfrac{2\pi}{T}$为基波频率；$a_n$为信号 $f(t)$ 在函数 $\cos(n\omega_0 t)$ 中的振幅（相对大小）；b_n为信号 $f(t)$ 在函数 $\sin(n\omega_0 t)$ 中的振幅（相对大小）；一般取 $t_0 = -\dfrac{T}{2}$。

利用三角函数的边角关系，可以把上式化为标准的三角形式，即

$$f(t) = c_0 + \sum_{n=1}^{+\infty} c_n \cos(n\omega_1 t + \varphi_n)$$

式中，c_n是第 n 次谐波的振幅，$c_n = \sqrt{a_n^2 + b_n^2}$；$a_0 = c_0$；$\varphi_n = -\arctan\dfrac{b_n}{a_n}$。$c_n$ 随 $n\omega_1$ 变化，称为信号的幅度频谱；φ_n 随 $n\omega_1$ 变化，称为信号的相位频谱。

利用欧拉公式可以将三角形式的傅里叶级数表示成复指数形式的傅里叶级数，即

$$f(t) = \sum_{n=-\infty}^{+\infty} F(n\omega_0) \mathrm{e}^{jn\omega_0 t}$$

$$F(n\omega_0) = \frac{1}{T} \int_{t_0}^{t_0+T} f(t) \mathrm{e}^{-jn\omega_0 t} \mathrm{d}t$$

例 8-32　绘制 $f(t) = \dfrac{4}{\pi}\left[\sin t + \dfrac{1}{3}\sin 3t + \cdots + \dfrac{1}{2k-1}\sin(2k-1)t + \cdots\right]$的基波和前 3 次谐波叠加的图形，其中 $k = 1, 2, \cdots$。

输入 MATLAB 程序如下：

```
t = 0:0.01:10;
y = 0;
n = 4;
for k = 1:n
    y = y + (4/pi) * (1/((k*2)-1)) * sin(((k*2)-1)*t);
    r(k,:) = y;
end
plot(t,r)
xlabel('t');ylabel('f(t)');grid
```

运行结果如图 8-38 所示。

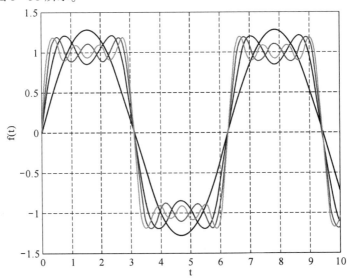

图 8-38　例 8-32 中基波和前 3 次谐波叠加的图形

由图可知，基波为正弦信号，谐波的次数越多，叠加后波形越接近理想方波，但在合成波跳变前后呈现衰减振荡现象，这种现象由吉布斯（Gibbs）于1899年首次证明，故称为吉布斯现象。

2. 傅里叶变换

傅里叶变换可以使信号在时域和频域之间转换，这种变换是一种积分变换，在工程运算中有广泛的应用。傅里叶变换及其反变换的数学表达式为

$$F(\omega) = \int_{-\infty}^{\infty} f(t) e^{-j\omega t} dt$$

$$f(t) = \frac{1}{2\pi} \int_{-\infty}^{\infty} F(\omega) e^{j\omega t} d\omega$$

式中，$F(\omega)$ 称为频谱密度函数。

例 8-33　计算门函数的傅里叶变换 $F(\omega)$，并用求得的频谱计算傅里叶反变换。

输入 MATLAB 程序如下：

```
t0 = 2;                                    % 设置时间宽度
n0 = 100;                                  % 时域采样
t = linspace( -t0/2,t0/2 - t0/n0,n0);     % 生成时间序列
f = 0 * t;
f(t > -1/2&t < 1/2) = 1;                   % 创建方波
w0 = 16 * pi;                              % 设置频域范围
k0 = 100;                                  % 频域采样
w = linspace( -w0/2,w0/2 - w0/k0,k0);     % 生成频率序列
F = 0 * w;                                 % 初始化 F(w)
% 计算傅里叶变换
for k = 1:k0
    for n = 1:n0
        F(k) = F(k) + t0/n0 * f(n) * exp( -j * w(k) * t(n));
    end
end
f1 = 0 * t;                                % 初始化 f1(t)
% 计算傅里叶反变换求门函数
for n = 1:n0
    for k = 1:k0
        f1(n) = f1(n) + w0/(2 * pi * k0) * F(k) * exp(j * w(k) * t(n));
    end
end
subplot(1,2,1)
plot(t,f,t,f1,':r');                       % 输出图像
axis([ -1 1 -0.2 1.4]);
xlabel('t');ylabel('f(t)');grid
legend('f(t)','反变换求得 f(t)');
subplot(1,2,2)
plot(w,F)                                  % 绘制频谱
```

```
title('频谱图像')
xlabel('w');ylabel('F(w)');grid
```
运行结果如图 8 - 39 所示。

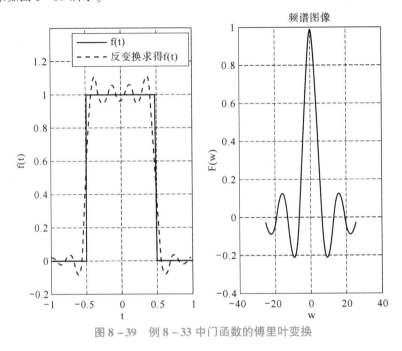

图 8 - 39　例 8 - 33 中门函数的傅里叶变换

　　MATLAB 提供了计算符号傅里叶变换的函数 fourier( ) 和计算傅里叶反变换的函数 ifourier( )。其调用格式分别为

```
F = fourier(f,u,v)
```
　　　　　　　% 计算时域函数 f 的傅里叶变换,其中,f 的自变量为 u,F 的自变量为 v
```
f = ifourier(F,v,u)
```
　　　　　　　% 计算频域函数 F 的傅里叶反变换,其中,f 的自变量为 u,F 的自变量为 v

例 8 - 34　计算 $f(t) = \mathrm{e}^{-2|t|}$ 的傅里叶变换。

输入 MATLAB 程序如下：
```
syms t
f = exp( -2 * abs(t));
F = fourier(f)
```
运行结果为
```
F =
    4 / (4 +w^2)
```

这说明函数 $f(t)$ 的傅里叶变换为 $F(\mathrm{j}\omega) = \dfrac{4}{4+\omega^2}$。

例 8 - 35　计算符号表达式 $f(t) = \mathrm{e}^{-t^2}\sin t$ 的傅里叶变换。

输入 MATLAB 程序如下：
```
syms t
f = exp( -t^2) * sin(t);
```

```
F = fourier(f)
```
运行结果为
```
F =
    -i*pi^(1/2)*sinh(1/2*w)*exp(-1/4*w^2-1/4)
```
例 8 - 36　计算 $f(t) = e^{-3t}u(t)$ 的傅里叶变换，并绘制 $f(t)$ 及其频谱图。

【分析】

题目中出现单位阶跃信号 $u(t)$，可以用 Heaviside(t) 来表示。

输入 MATLAB 程序如下：
```
syms t f
f = exp(-3*t)*sym('Heaviside(t)');
F = fourier(f)
subplot(2,1,1)
ezplot(f)
subplot(2,1,2)
ezplot(abs(F))
```
运行结果为
```
F =
    1/(3+i*w)
```
绘制的频谱图如图 8 - 40 所示。

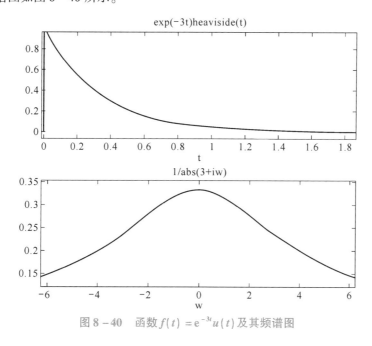

图 8 - 40　函数 $f(t) = e^{-3t}u(t)$ 及其频谱图

例 8 - 37　求频谱函数 $F(j\omega) = -j\dfrac{2\omega}{1+\omega^2}$ 的原函数。

输入 MATLAB 程序如下：
```
syms w t
F = -j*2*w/(1+w^2);
```

```
f = ifourier(F,t)
```
程序运行结果为
```
f =
    -exp(t) * heaviside( -t) + exp( -t) * heaviside(t)
```

3. 快速离散傅里叶变换

MATLAB 中对信号进行快速离散傅里叶变换和反变换的函数为 fft( ) 和 ifft( )。其调用格式为
```
F = fft(f,n)                     % 对 f 进行 n 点快速离散傅里叶变换
f = ifft(F,n)                    % 对 f 进行 n 点快速离散傅里叶逆变换
```

例 8 – 38　对信号 $f = \sin(2\pi t) + \cos(2\pi t) + \text{rand}(1, \text{length}(t))$ 进行 256 点快速离散傅里叶变换。

输入 MATLAB 程序如下：
```
t = linspace(0,1,256);
f = sin(2 * pi * t) + cos(2 * pi * t) + rand(1,length(t));
F = fft(f,256);
subplot(1,2,1)
plot(t,f)
title('f(t)')
subplot(1,2,2)
plot(t,F)
title('F(w)')
```
运行结果如图 8 – 41 所示。

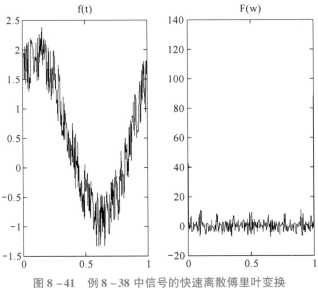

图 8 – 41　例 8 – 38 中信号的快速离散傅里叶变换

例 8 – 39　绘制信号 $f(t) = 3\sin(3\pi t) - 5\sin(5\pi t)$ 的幅频响应曲线和相频响应曲线。

输入 MATLAB 程序如下：
```
s = 100;
```

```
N = 128;
n = 0:N - 1;
t = n / s;
f = 3 * sin(3 * pi * t) - 5 * sin(5 * pi * t);
F = fft(f,N);
x = (0:N - 1) * s∕N;
Ff = abs(F);
Fx = angle(F);
subplot(2,1,1)
plot(x,Ff)
xlabel('频率(Hz)');ylabel('幅值');
title('幅频响应');axis([0 50 0 300]);grid
subplot(2,1,2)
plot(x,Fx)
xlabel('频率(Hz)');ylabel('弧度');
title('相频响应');axis([0 50 -2 4]);grid
```

运行结果如图 8 - 42 所示。

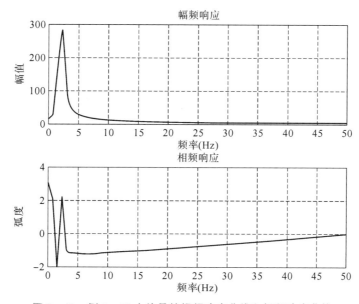

图 8 - 42　例 8 - 39 中信号的幅频响应曲线和相频响应曲线

8.3.2　连续系统的频域分析

连续系统的时域特性可以用冲激响应 $h(t)$ 表示，其频域特性则由频率响应 $H(j\omega)$ 表示。其中

$$H(j\omega) = \frac{b_m (j\omega)^m + b_{m-1} (j\omega)^{m-1} + \cdots + b_0}{a_n (j\omega)^n + a_{n-1} (j\omega)^{n-1} + \cdots + a_0}$$

MATLAB 提供函数 freqs( )计算系统的频率响应，其调用格式为

h = freqs(b,a,w)% b、a 分别表示分子与分母的系数向量

     % w 表示频率响应范围向量，一般定义 w = w1:p:w2，

    % 其中 w1、w2 分别为起始频率和终止频率，p 为相邻两频率的间隔

[h,w] = freqs(b,a,n)

    % 计算默认频率范围内 n 个频率点上系统的频率响应，n 个频率点保存在 w 中

以上两种格式不绘制频率响应曲线，只把运算数据存放在 h 中，如果需要绘制图形则直接调用函数 freqs( )即可。

例 8 - 40 已知某系统的频率响应为

$$H(j\omega) = \frac{30}{(j\omega)^2 + 50j\omega + 30}$$

绘制系统的幅频响应曲线和相频响应曲线。

输入 MATLAB 程序如下：

```
a = [1 50 30];
b = [30];
w = 0:1:100;
h = freqs(b,a,w);
h1 = abs(h);
h2 = angle(h) *
180/pi;
subplot(2,1,1)
plot(w,h1)
title('幅频响应');grid
xlabel('频率'); ylabel
('幅度');
subplot(2,1,2)
plot(w,h2)
title('相频响应');grid
xlabel('频率'); ylabel
('相位');
```

运行结果如图 8 - 43 所示。

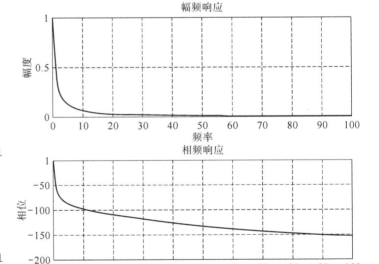

图 8 - 43 例 8 - 40 中 $H(j\omega)$ 的幅频响应曲线和相频响应曲线

例 8 - 41 绘制传递函数模型为 $H(s) = \dfrac{s^2 + 3s + 2}{s^2 + 2s + 1}$ 的系统的频率响应曲线。

输入 MATLAB 程序如下：

```
a = [1 2 1];
b = [1 3 2];
freqs(b,a)
title('幅频响应和相频响应')
```

运行结果如图 8 – 44 所示。

例 8 – 42　已知线性时不变连续时间系统的微分方程为 $y^{(3)}(t) + 5y^{(2)}(t) - 3y^{(1)}(t) + 6y(t) = 2x^{(1)}(t) + 4x(t)$，绘制其频率响应曲线。

输入 MATLAB 程序如下：

```
a = [2 4];
b = [1 5 -3 6];
w = -10:0.01:10;
H = freqs(b,a,w);
Hf = abs(H);
Hx = angle(H) * 180/pi;
        % 求频率响应的相位
subplot(2,1,1)
plot(w,Hf)
title('幅频响应');grid
subplot(2,1,2)
plot(w,Hx)
title('相频响应');grid
```

运行结果如图 8 – 45 所示。

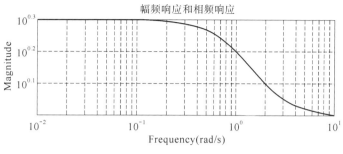

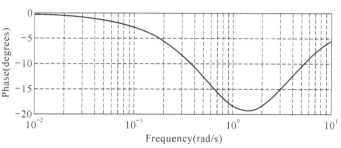

图 8 – 44　例.8 – 41 中系统的频率响应曲线

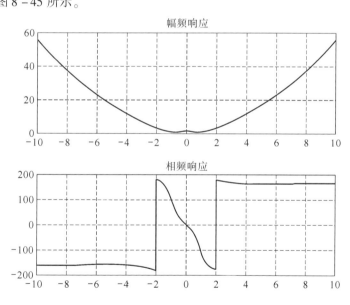

图 8 – 45　例 8 – 42 中系统的频率响应曲线

8.3.3　复频域分析

复频域分析是将连续系统的微分方程和离散系统的差分方程转化为变换域中的代数方程，即把卷积运算变换为乘法运算，使运算更加简便。对应微分方程和差分方程，其复频域分析分别为 S 域分析和 Z 域分析。

1. 拉氏变换

拉氏变换的定义为 $F(s) = \int_{-\infty}^{+\infty} f(t) e^{-st} dt$。式中，$s = \sigma + j\omega$，称为复频率。

拉氏反变换的定义为 $f(t) = \dfrac{1}{2\pi j} \int_{\sigma - j\infty}^{\sigma + j\infty} F(s) e^{st} dt$。

MATLAB 中给出了计算符号函数拉氏变换和其反变换的函数，其调用格式分别为

```
Fs = laplace(ft,t,s)          % 计算时域函数 ft 的拉氏变换
ft = ilaplace(Fs,s,t)         % 计算频域函数 Fs 的拉反变换
```

其中，t 是时域函数的自变量，s 是复频域函数的自变量。

例 8-43　已知 $f_1(t) = e^{-t}\varepsilon(t)$，$f_2(t) = te^{-1/2t}\varepsilon(t)$，求其拉氏变换。

输入 MATLAB 程序如下：

```
syms t s
f1 = exp( -t);
f2 = t * exp( -1/2 * t);
Fs1 = laplace(f1,t,s)
Fs2 = laplace(f2,t,s)
```

运行结果为

```
Fs1 =
    1/(1 + s)
Fs2 =
    1/(1/2 + s)^2
```

例 8-44　已知 $F(s) = \dfrac{s}{s^2 + 1}$，求其拉氏反变换。

输入 MATLAB 程序如下：

```
syms s t
Fs = s/(s^2 + 1);
f = ilaplace(Fs,s,t)
```

运行结果为

```
f =
    cos(t)
```

例 8-45　已知 $F(s) = \dfrac{3s}{s^2 + 1}$，求其拉氏反变换并绘制 $F(s)$ 和 $f(t)$ 的图形。

输入 MATLAB 程序如下：

```
syms s t
Fs = 3 * s/(s^2 + 1);
f = ilaplace(Fs,s,t);
subplot(1,2,1)
ezplot(Fs)
grid
subplot(1,2,2)
ezplot(f)
grid
```

运行结果如图 8 – 46 所示。

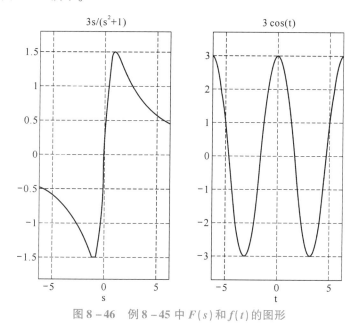

图 8 – 46　例 8 – 45 中 $F(s)$ 和 $f(t)$ 的图形

2. Z 变换

Z 变换与拉氏变换具有相同的运算规则。对于离散时间信号，函数 $f(t)$ 的 Z 变换定义为

$$F(z) = \sum_{k=-\infty}^{+\infty} f(k) z^{-k}$$

其逆变换定义为

$$f(k) = \frac{1}{\mathrm{j}2\pi} \oint F(z) z^{k-1} \mathrm{d}z$$

式中，z 为一个复变量；$F(z)$ 为函数 $f(k)$ 的象函数；$f(k)$ 为 $F(z)$ 的原函数。

MATLAB 中给出了计算符号函数 Z 变换和逆 Z 变换的函数，其调用格式分别为

```
Fz = ztrans(fk,k,z)              % 计算时域函数 fk 的 Z 变换
fk = iztrans(Fz,z,k)             % 计算频域函数 Fz 的逆 Z 变换
```

其中，k 是时域函数的自变量，z 是复频域函数的自变量。

例 8 – 46　计算 $f(k) = k^4$ 的 Z 变换。

输入 MATLAB 程序如下：

```
syms k z
f = k^4;
Fz = ztrans(sym('(k^4)'))
Fz = simplify(Fz);                    % 简化 Fz
pretty(Fz)
```

运行结果为

```
Fz =
    z * (z^3 + 11 * z^2 + 11 * z + 1)/(z - 1)^5
         3            2
    z(z + 11z + 11z + 1)
```

$$\frac{5}{(z-1)}$$

例8-47 求 $F(z) = \dfrac{z}{z^2+1}$ 的原函数。

输入 MATLAB 程序如下：

```
syms z
Fz = z / (z^2 + 1);
f = iztrans(Fz,z,k)
```

运行结果为

```
f =
      sin(1/2 * pi * k)
```

例8-48 求 $F(z) = \dfrac{2z^2-3z+1}{z^2-4z-5}$ 的逆 Z 变换，其中，$|z| > 5$。

输入 MATLAB 程序如下：

```
syms z k
Fz = (2 * z^2 - 3 * z + 1) / (z^2 - 4 * z - 5);
f = iztrans(Fz,z,k)
```

运行结果为

```
f =
      -1/5 * charfcn[0](k) + ( -1)^k + 6/5 * 5^k
```

其中，charfcn[0]表示 $\delta(k)$。此外，MATLAB 还提供了 residuez( ) 函数以计算逆 Z 变换。其调用格式为

```
[r,p,c] = residuez(b,a)
% b 和 a 分别表示象函数的分子和分母;r 为留数列向量;p 为极点列向量
% k 为展开式中的直接项
```

例8-49 求 $F(z) = \dfrac{z^{-1}}{3 - 4z^{-1} + z^{-2}}$ 的逆 Z 变换。

输入 MATLAB 程序如下：

```
b = [0 1];
a = [3 -4 1];
[r,p,c] = residuez(b,a)
```

运行结果为

```
r =
    0.5000
   -0.5000
p =
    1.0000
    0.3333
c =
    []
```

因此，得出 $F(z) = \dfrac{0.5}{1 - z^{-1}} - \dfrac{0.5}{1 - \dfrac{1}{3}z^{-1}}$，其原函数为 $f(k) = \left[\dfrac{1}{2} - \dfrac{1}{2}\left(\dfrac{1}{3}\right)^k \right]\varepsilon(k)$。

8.3.4 系统的零极点与稳定性

1. 连续系统

把系统的零点与极点表示在 s 平面上的图形，叫作系统函数的零极点分布图。通常零点用"○"表示，极点用"×"表示。在连续系统中，$H(s)$ 的极点位置决定系统的冲激响应的形式和稳定性，零点的位置影响系统的增益和相位。

若 $H(s)$ 的极点全在零极点分布图的左半平面，则系统稳定。只要有一个极点在右半平面或虚轴上有二阶以上的极点，系统就不稳定。若 $H(s)$ 在虚轴上有一阶极点，而其余极点全在零极点分布图的左半平面，则系统处于临界稳定状态。

求系统的零点和极点可以用多项式求根函数 roots( ) 来实现。其调用格式为

p = roots(A)   % A 为多项式系数向量

MATLAB 提供函数 pzmap( ) 来绘制连续系统的零极点分布图，其调用格式为

pzmap(sys)

          % 在 s 平面绘制零极点分布图,sys 为系统模型,可以是 tf、ss 或 zpk 等的任意一种

[p,z] = pzmap(sys)   % 计算零极点向量,不绘制图形

例 8 – 50 系统函数为 $H(s) = \dfrac{s + 0.7}{s^3 + 2\,s^2 + 2\,s + 1}$，求其零极点并画出零极点分布图，判断系统的稳定性。

输入 MATLAB 程序如下：

```
b = [1 0.7];
a = [1 2 2 1];
sys = tf(b,a);
zeros = roots(b) % 求零点
poles = roots(a) % 求极点
pzmap(sys)
```

运行结果为

```
zeros =

     -0.7000

poles =

     -1.0000

     -0.5000 + 0.8660i

     -0.5000 - 0.8660i
```

零极点分布图如图 8 – 47 所示。

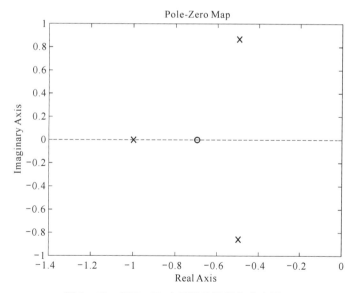

图 8 – 47 例 8 – 50 中系统的零极点分布图

由图可知，该系统有 3 个极点和 1 个零点，其中，3 个极点都在左半平面，因此该系统是稳定的。例 8 – 50 还可以用 plot( ) 函数来绘制系统的零极点分布图。

输入 MATLAB 程序如下：

```
b = [1 0.7];
a = [1 2 2 1];
sys = tf(b,a);
zeros = roots(b);
poles = roots(a);
x = max(max(abs(zeros)),max(abs(poles)));      % 确定最远的零极点
x = x + 0.1;                                    % x 轴范围
y = x;                                          % y 轴范围
hold on
plot([ - x x],[0 0],':')                        % 绘制 x 轴
plot([0 0],[ - y y],':')                        % 绘制 y 轴
plot(real(zeros),imag(zeros),'O')               % 绘制零点
plot(real(poles),imag(poles),'X')               % 绘制极点
axis([ - xx - y y])
```

运行结果如图 8 - 48 所示。

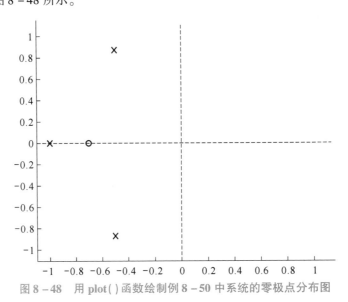

图 8 - 48　用 **plot**( ) 函数绘制例 8 - 50 中系统的零极点分布图

例 8 - 51　　系统函数为 $H(s) = \dfrac{s^2 + 2s + 5}{s^4 + 3s^3 + s^2 + 4s + 1}$，判断系统的稳定性。

输入 MATLAB 程序如下：

```
b = [1 2 5];
a = [1 3 1 4 1];
sys = tf(b,a);
zeros = roots(b)
poles = roots(a)
pzmap(sys)
grid
```

运行结果为

```
zeros =
        -1.0000 + 2.0000i
        -1.0000 - 2.0000i
poles =
        -3.0648
        0.1599 + 1.1201i
        0.1599 - 1.1201i
        -0.2549
```

系统的零极点分布图如图 8 – 49 所示。

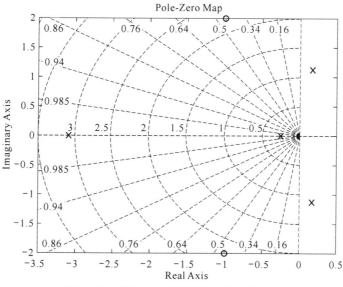

图 8 – 49　例 8 – 51 中系统的零极点分布图

由图可知，该系统有 2 个极点在右半平面，因此该系统不稳定。

2. 离散系统

离散系统与连续系统相对应。$H(z)$ 的极点位置决定系统的单位样值响应的形式和稳定性，零点的位置影响系统的增益和相位。

若 $H(z)$ 的极点全在 z 平面的单位圆内，则系统稳定。只要有一个极点在单位圆外或单位圆上有二阶以上的极点，系统就不稳定。若 $H(z)$ 在单位圆上有一阶极点，而其余极点全在单位圆内，则系统处于临界稳定状态。

求离散系统的零点和极点也需要用多项式求根函数 roots( ) 来实现，其调用格式与连续系统一致。

MATLAB 提供函数 zplane( ) 来绘制离散系统的零极点分布图，其调用格式为

```
zplane(b,a)                    % b、a 分别代表零点和极点向量
```

例 8 – 52　离散系统函数为 $H(z) = \dfrac{3z^3 - 5z^2 + 10z}{z^3 - 3z^2 + 7z - 5}$，求系统的零极点，并判断其稳定性。

输入 MATLAB 程序如下：

```
b =[3 -5 10 0];
```

```
a =[1 -3 7 -5];
zeros = roots(b)
poles = roots(a)
zplane(b,a)
```

运行结果为

```
zeros =
        0
        0.8333 + 1.6245i
        0.8333 - 1.6245i

poles =
        1.0000 + 2.0000i
        1.0000 - 2.0000i
        1.0000
```

绘制的零极点分布图如图 8 – 50
所示。

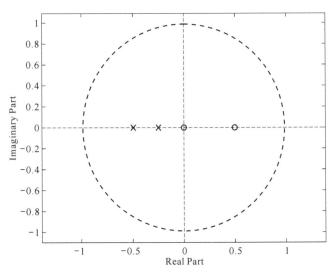

图 8 – 50 例 8 – 52 中离散系统的零极点分布图

由图可知，系统有 2 个极点在单位圆外，所以此系统不稳定。

例 8 – 53 离散系统函数为 $H(z) = \dfrac{1 - 0.5z^{-1}}{1 + 0.75z^{-1} + 0.125z^{-2}}$，求系统的零极点，并判断其稳定性。

输入 MATLAB 程序如下：

```
b =[1 -0.5 0];
a =[1 0.75 0.125];
zeros = roots(b)
poles = roots(a)
zplane(b,a)
```

运行结果为

```
zeros =
        0
        0.5000

poles =
        -0.5000
        -0.2500
```

系统的零极点分布图如图 8 –51
所示。

图 8 – 51 例 8 – 53 中离散系统的零极点分布图

因为该系统的极点都在单位圆内，因此该系统是稳定系统。

习　题　8

8 – 1　绘制函数 $f(t) = e^{-t}\cos t$ 的图形。

8 – 2　已知两函数 $f_1(t) = \sin(2t)$，$f_2(t) = e^{-2t}$，求 $f_1(t) + f_2(t)$、$f_1(t) * f_2(t)$。

8 – 3　已知微分方程 $y^{(2)}(t) + 5y^{(1)}(t) + 6y(t) = 3f(t)$，输入信号 $f(t) = e^{-t}\varepsilon(t)$，初始状态

$y(0)=1$，$y^{(1)}(0)=-1$，求该系统的零状态响应、零输入响应和全响应。

8 – 4 计算系统方程 $y^{(2)}(t)+3y^{(1)}(t)+2y(t)=f^{(2)}(t)$ 的冲激响应和阶跃响应。

8 – 5 已知两函数 $f_1(k)=[1\ 2\ 3\ 4]$，$f_2(k)=[2\ 3\ 1]$，求两函数的卷积 $y(k)$。

8 – 6 计算 $f(t)=e^{-3t}\cos(2t)$ 的傅里叶变换。

8 – 7 绘制 $H(s)=\dfrac{s^2}{(s+2)(s^2+2s-3)}$ 的频率响应曲线。

8 – 8 已知系统函数为 $H(s)=\dfrac{s-2}{s(s+1)}$，求其零极点分布图，并分析该系统是否稳定。

8 – 9 已知系统函数为 $H(z)=\dfrac{2+10z}{5z^2+5z+2}$，求其零极点分布图，并分析该系统是否稳定。

第 8 章图片

第9章

<<<<<

MATLAB 在数字信号处理中的应用

在科学技术迅速发展的今天，几乎所有的工程技术领域中都存在数字信号，对这些信号进行有效处理，获取人们需要的信息，正有力地推动数字信号处理技术的发展。

"数字信号处理"是一门理论与实践紧密结合的课程。随着 MATLAB/Simulink 通信、信号处理专业函数库和工具箱的成熟，它们在通信理论研究、算法设计、系统设计、建模仿真和性能分析验证等方面的应用也更加广泛。MATLAB 集数值分析、信号处理和图形显示于一体，且界面友好，具有强大的专业函数库和工具箱，在数字信号处理的科学研究中具有越来越重要的地位。MATLAB 强大的运算和图形显示功能，可使数字信号处理上机实验的效率大大提高。特别是它的频谱分析、滤波分析与设计功能很强，使数字信号处理工作变得十分简单、直观。本章结合数字信号处理的典型例题说明 MATLAB 在数字信号处理方面的编程方法与技巧。

9.1　基本信号的表示及可视化

数字信号处理的基础是离散信号及离散系统，在 MATLAB 中可以直观快速地进行离散信号的显示与运算。例如，用 MATLAB 表示一个离散序列 $x(k)$ 时，可用两个向量来表示，其中一个向量表示自变量 k 的取值范围，另一个向量表示序列 $x(k)$ 的值，在命令窗口直接输入表示两个向量的命令语句即可。

例 9－1　利用 MATLAB 表示单位脉冲序列 $\delta(k-2)$ 在 $-4 \leqslant k \leqslant 4$ 范围内各点的取值。

输入 MATLAB 程序如下：

```
k = [ -4:4];            % 确定 k 的取值范围
x = [(k-2) ==0];        % 当(k-n)为 0 时 x 的值为 1,否则 x 的值为 0
stem(k,x);              % 建立坐标系,作图
xlabel('k');            % 在 x 轴添加标签:k
```

运行程序，产生的序列波形如图 9－1 所示。

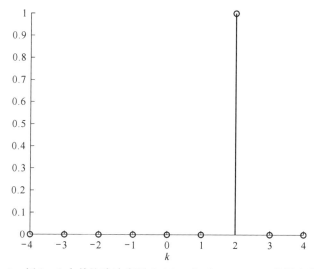

图9－1　例9－1中单位脉冲序列δ（$k-2$）在$-4 \leqslant k \leqslant 4$范围内的波形

例9－2　生成余弦序列$x(n) = \cos(0.02\pi n)$，其中n的取值范围是［0，100］。
输入MATLAB程序如下：

```
n = 0:2:100;              % 确定自变量 n 的取值范围
x = cos(0.02 * pi * n);
stem(x)                  % 作图
xlabel('n');             % 在 x 轴添加标签:n
```

运行程序，产生的波形如图9－2所示。

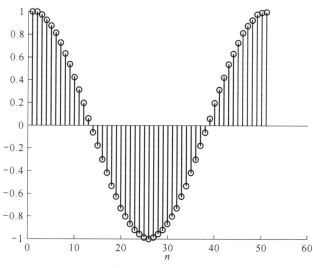

图9－2　例9－2中余弦序列$x(n) = \cos(0.02\pi n)$的波形

例9－3　生成指数序列Aa^k，其中取$A = 1$，$a = -0.6$，k的取值范围是［0，10］。
输入MATLAB程序如下：

```
k = 0:10;                % 确定 k 的取值范围
A = 1;                   % A 的取值为 1
a = -0.6;                % a 的取值为 -0.6
```

```
fk = A * a.^k;                    % fk = Aaᵏ
stem(k,fk);                       % 建立坐标系,作图
```

运行程序,产生的波形如图 9 – 3 所示。

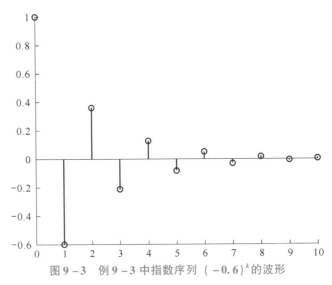

图 9 – 3　例 9 – 3 中指数序列 $(-0.6)^k$ 的波形

　　另外,MATLAB 的工具箱中还提供了大量的信号产生函数,例如 sawtooth( )（产生锯齿波或三角波信号）、square( )（产生方波信号）、chirp( )（产生调谐余弦信号）和 gauspuls( )（产生高斯正弦脉冲信号）等,调用这些函数可以方便地生成多种复杂信号。

9.2　MATLAB 在采样与波形发生中的应用

　　数字信号处理的对象,是在采样时钟的控制之下,通过 A/D 转换器一定的采样频率对模拟信号进行采样得到的。根据采样定理,采样频率必须大于模拟信号的最高采样频率（奈奎斯特频率）的 2 倍。但是在许多情况下,要求信号以不同的频率采样,改变采样时钟虽然可行,但是并不可取。这时需要对采样数据进行处理,用抽取的方法降低其采样频率（下采样）,或者用内插的方法提高其采样频率（上采样）,又或者两者兼有之（重采样）。

　　在程序设计阶段,为了对程序进行调试或验证算法的正确性,需要一些特性已知的信号（简单的如正弦波信号、方波信号、三角波信号等）,所以可以使用 MATLAB 所提供的一些信号产生函数,如上节提到的 square( ) 和 sawtooth( ) 等。

　　此外,对于采样处理,MATLAB 也提供了一些简单的处理函数,如函数 resample( ) 用于改变信号的采样频率、函数 decimat( ) 用于经低通滤波后信号的下采样、函数 interp( ) 用于经低通滤波后信号的上采样等。

　　例 9 – 4　产生一频率为 10 kHz 的周期高斯脉冲信号,其带宽为 50%。脉冲重复的频率为 1 kHz,采样频率为 50 kHz,脉冲序列的长度为 10 ms。重复时幅度每次衰减为原来的 80%。

　　输入 MATLAB 程序如下:

```
t = 0:1/50e3:10e-3;                      % 确定时间范围及步长
d = [0:1/1e3:10e-3;0.8.^(0:10)]';
y = pulstran(t,d,'gauspuls',10e3,0.5);   % 对连续函数进行采样而得到脉冲序列
```

```
plot(t,y);                              % 作图
xlabel('时间/s');                        % 给 x 轴加标签"时间/s"
ylabel('幅值')                          % 给 y 轴加标签"幅值"
```

运行程序，产生的波形如图 9 - 4 所示。

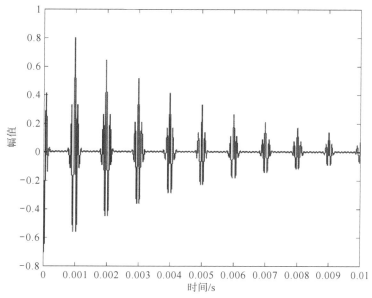

图 9 - 4   例 9 - 4 中周期高斯脉冲信号的波形

9.3   MATLAB 在数字滤波器中的应用

滤波器是指用来对输入信号进行滤波的硬件或软件。如果滤波器的输入、输出都是离散时间信号，则该滤波器的冲击响应也必然是离散的，这样的滤波器定义为数字滤波器。

数字滤波器用硬件实现的基本部件包括延迟器、乘法器和加法器，如果用软件来实现，它就是一段线性卷积程序。软件实现的优点是系统函数具有可变性，仅依赖于算法结构，而且易于获得较理想的滤波功能。

MATLAB 的信号处理工具箱的两个基本组成就是滤波器的设计与实现以及谱分析。工具箱提供了丰富而简便的设计、实现 FIR 和 IIR 的方法，使原来烦琐的程序设计简化成函数调用，特别是滤波器的表达方式和形式之间的相互转换显得十分简便，为滤波器的设计和实现开辟了一片广阔的天地。

数字滤波器以功能分类，可分为低通滤波器、高通滤波器、带通滤波器和带阻滤波器；以滤波器的网络结构或者从单位脉冲响应分类，可分为 IIR 滤波器（即无限长单位冲击响应滤波器）和 FIR 滤波器（即有限长单位冲击响应滤波器）。

IIR 滤波器和 FIR 滤波器的设计方法有很多不同之处。IIR 滤波器的设计方法有两类，经常用到的一类设计方法是借助模拟滤波器的设计方法进行的，其设计思路是：先设计模拟滤波器得到传输函数 $H(s)$，然后将 $H(s)$ 按某种方法转换成数字滤波器的系统函数 $H(z)$。这类方法是比较成熟的，它不仅有完整的设计公式，也有完整的图表供查阅，更可以直接调用 MATLAB 中对应的函数进行设计。另一类设计方法是直接在频域或者时域中进行设计，设计时必须用计算

机作辅助设计，直接调用MATLAB中的一些程序或者函数可以很方便地设计出所需要的滤波器。

FIR滤波器不能采用由模拟滤波器的设计进行转换的方法，经常用的是窗函数法和频率采样法，同时也可以借助计算机辅助设计软件采用切比雪夫等波逼近法进行设计。

对于每种滤波器的设计，方法不尽相同，在此不予赘述，读者可查阅相关参考文献。下面对IIR滤波器和FIR滤波器的设计各举一例加以说明。

例9－5 利用巴特沃斯（Butterworth）低通滤波器及脉冲响应不变法设计满足下列指标的数字滤波器：

$$\Omega_p = 0.1\pi \text{ rad}, \ \Omega_s = 0.4\pi \text{ rad}, \ A_p \leqslant 1 \text{ dB}, \ A_s \geqslant 25 \text{ dB}$$

输入MATLAB程序如下：

```
% DF    BW    LP 指标
Wp = 0.1 * pi;Ws = 0.4 * pi;Ap = 1;As = 25;
Fs = 1;   % 抽样频率(Hz)
% 确定模拟 BW 指标
Wp = Wp * Fs; Ws = Ws * Fs;
% 确定 AF 阶数
N = buttord(Wp,Ws,Ap,As,'s');
% 由通带指标确定 3 dB 截频
Wc = Wp/(10^(0.1 * Ap) - 1)^(1/2/N);
% 确定 BW   AF
[numa,dena] = butter(N,Wc,'s');
% 确定 DF
[numd,dend] = impinvar(numa,dena,Fs);
w = linspace(0,pi,512);
h = freqz(numd,dend,w);
% 幅度归一化 DF 的幅度响应
norm = max(abs(h));
numd = numd/norm;
plot(w/pi,20 * log10(abs(h)/norm));grid;
xlabel('Normalized frequency');
ylabel('Gain,dB');
disp('Numerator ploynomial');
fprintf('% .4e \n',numd);
disp('Denominator ploynomial');
fprintf('% .4e \n',dend);
% 计算 Ap 和 As
W = [Wp Ws];
h = freqz(numd,dend,w);
fprintf('Ap = % .4f \n', -20 * log10(abs(h(1))));
fprintf('As = % .4f \n', -20 * log10(abs(h(2))));
```

运行结果为

```
Numerator ploynomial
0.0000e +000
```

2.3231e − 002

1.7880e − 002

0.0000e + 000

Denominator ploynomial

1.0000e + 000

 − 2.2230e + 000

1.7193e + 000

 − 4.5520e − 001

Ap = 0.0000

As = 0.0000

得到的数字滤波器的增益响应曲线如图 9 − 5 所示。

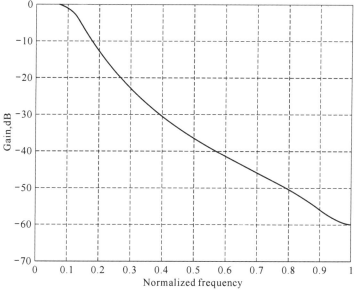

图 9 − 5　例 9 − 5 中设计的数字滤波器的增益响应曲线

例 9 − 6　试用 Kaiser 窗设计满足下列指标的 FIR 高通滤波器：

$$\Omega_p = 0.4\pi \text{ rad}, \quad \Omega_s = 0.6\pi \text{ rad}, \quad \delta_s = 0.01$$

输入 MATLAB 程序如下：

```
% Kaiser 窗设计 FIR 高通滤波器
Rs = 0.01;
f = [0.4,0.6];
a = [0,1];
dev = Rs * ones(1,length(a));
[M,Wc,beta,ftype] = kaiserord(f,a,dev);
% 使滤波器为 I 型
M = mod(M,2) + M;
h = fir1(M,Wc,ftype,kaiser(M + 1,beta));
omega = linspace(0,pi,512);
mag = freqz(h,[1],omega);
```

```
plot(omega/pi,20 * log10(abs(mag)));
xlabel('Normalized frequency');
ylabel('Gain,dB');
grid;
```

运行程序，得到所设计的 FIR 高通滤波器的增益响应曲线如图 9 - 6 所示。

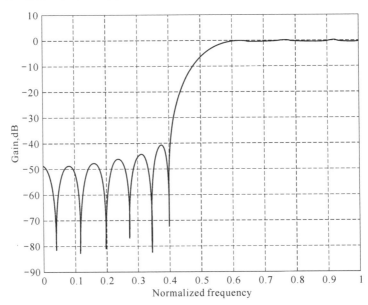

图 9 - 6   例 9 - 6 中设计的 FIR 高通滤波器的增益响应曲线

例 9 - 7   试调用 fir2( ) 函数设计逼近截止频率 $\omega_c = 0.6\pi$ 的理想高通的 30 阶 FIR 数字滤波器，绘出 $h(n)$ 及其幅频响应曲线。

输入 MATLAB 程序如下：

```
clear;close all
f = [0,0.6,0.6,1];m = [0,0,1,1];
b = fir2(30,f,m);n = 0:30;
subplot(3,2,1);stem(n,b,'.')
xlabel('n');ylabel('h(n)');
axis([0,30, -0.4,0.5]),line([0,30],[0,0])
[h,w] = freqz(b,1,256);
subplot(3,2,2);plot(w/pi,20 * log10(abs(h)));grid
axis([0,1, -80,0]);xlabel('w/pi');ylabel('幅度(dB)');
```

运行结果如图 9 - 7 所示。

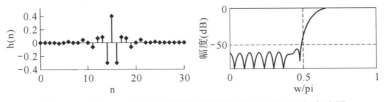

图 9 - 7   例 9 - 7 中设计的理想高通的 30 阶 FIR 数字滤波器

习 题 9

9–1 令 $x(n) = [1, -2, 4, 6, -5, 8, 10]$。产生并画出下列序列的样本:

$$x_1(n) = 3x(n+2) + x(n-4) - 2x(n)$$

9–2 一个FIR滤波器的格型参数为

$$K_0 = 2, \ K_1 = 0.6, \ K_2 = 0.3, \ K_3 = 0.5, \ K_4 = 0.9$$

求它的脉冲响应,并画出滤波器的直接形式和格型形式结构。

9–3 已知序列 $x(k) = \begin{cases} \cos(k\pi/2N), & |k| \leqslant N \\ 0, & \text{其他} \end{cases}$

(1) 计算序列离散时间傅里叶变换(DTFT)的表达式 $X(e^{j\Omega})$,并画出当 $N = 10$ 时,$X(e^{j\Omega})$ 的曲线。

(2) 编写一个MATLAB程序,利用fft()函数,计算当 $N = 10$ 时,序列 $x[k]$ 的离散时间傅里叶变换(DTFT)在 $\Omega_m = 2\pi m/N$ 的抽样值。利用hold()函数,将抽样点画在 $X(e^{j\Omega})$ 的曲线上。

9–4 试用离散傅里叶变换(DFT)近似计算高斯信号 $g(t) = \exp(-dt^2)$ 的频谱抽样值。通过和频谱的理论值 $G(j\omega) = \sqrt{\dfrac{\pi}{d}} \exp\left(-\dfrac{\omega^2}{4d}\right)$ 比较,讨论如何根据时域信号来恰当地选取截短长度和抽样频率以使计算误差满足精度要求。

9–5 已知一连续信号为 $x(t) = \exp(-3t)u(t)$,试利用离散傅里叶变换(DFT)近似分析其频谱。若要求频率分辨率为 1 Hz,试确定抽样频率 f_{sam}、抽样点数 N 以及持续时间 T_p。

9–6 设计一个数字高通滤波器,它的通带为 400~500 Hz,通带内允许有 0.5 dB 的波动,阻带内衰减在小于 317 Hz 的频带内至少为 19 dB,采样频率为 1 000 Hz。

第9章图片

MATLAB 实验

第 10 章 MATLAB 在图像处理中的应用

参 考 文 献

[1] 刘美丽. MATLAB 语言及应用 [M]. 北京：国防工业出版社，2012.

[2] 刘美丽. 计算机仿真技术——MATLAB 在电类专业课程中的应用 [M]. 北京：北京理工大学出版社，2020.

[3] [美] 威廉·帕尔姆（William J. Palm III）著张鼎等译. MATLAB 编程和工程应用 [M]. 4 版. 北京：清华大学出版社，2019.

[4] 温正. MATLAB 科学计算 [M]. 2 版. 北京：清华大学出版社，2023.

[5] 刘卫国. MATLAB 程序设计与应用 [M]. 3 版. 北京：高等教育出版社，2017.

[6] 薛定宇. 高等应用数学问题的 MATLAB 求解 [M]. 4 版. 北京：清华大学出版社，2018.

[7] 张德丰. MATLAB 函数及应用 [M]. 北京：清华大学出版社，2022.

[8] 卓金武. MATLAB 高等数学分析（上册）[M]. 北京：清华大学出版社，2020.

[9] 卓金武. MATLAB 高等数学分析（下册）[M]. 北京：清华大学出版社，2021.

[10] [澳] 约翰·W. 莱斯（John W. Leis）著 徐争光 黑晓军 杨彩虹译. 通信系统——使用 MATLAB 分析与实现 [M]. 北京：清华大学出版社，2021.

[12] 谢中华. MATLAB 数学建模方法与应用 [M]. 北京：清华大学出版社，2023.

[13] 卓金武，王鸿钧. MATLAB 数学建模方法与实践 [M]. 3 版. 北京：北京航空航天大学出版社，2018.

[14] 李维波. MATLAB 在电气工程中的应用 [M]. 2 版. 北京：中国电力出版社出版，2016.

[15] 孙晓云，刘东辉，王明明. MATLAB 在电气信息工程中的应用 [M]. 北京：高等教育出版社，2021.

[16] Luis F. Chaparro，宋琪. 信号与系统：使用 MATLAB 分析与实现 [M]. 2 版. 北京：清华大学出版社，2017.

[17] 沈再阳. MATLAB 信号处理 [M]. 2 版. 北京：清华大学出版社，2023.

[18] 张轶. MATLAB 信号处理——算法、仿真与实现 [M]. 北京：清华大学出版社，2022.

[19] 由伟，刘亚秀. MATLAB 数据分析教程 [M]. 北京：清华大学出版社，2020.

[10] 邓奋发. MATLAB 通信系统建模与仿真 [M]. 2 版. 北京：清华大学出版社，2017.

[20] 冈萨雷斯，伍兹，阮秋琦. 数字图像处理（MATLAB 版）[M]. 2 版. 电子工业出版社，2020.